이것이 과학이다
와장창편

이것이 과학이다

와장창편

글 | 박종현 그림 | 마그

북 Book 적임

프롤로그

사람이라면 누구든지 가지고 있는 보편적인 감정, 호기심

나는 특별한 재능이 없다.
넘치는 호기심이 있을 뿐이다.
- 알베르트 아인슈타인 (미국의 과학자) -

사람이 동물의 가장 큰 차이는 무엇일까요? 아마 대부분 지능이라고 답할 것입니다. 비록 인류는 문명을 이루기 이전, 생태계에서 작은 동물들과 곤충을 잡고 식물을 채집하며 소소한 삶을 살아가던 중간 포식자였지만, 높은 지능을 바탕으로 문명을 이룩하고 무수히 많은 지식과 발명품을 만들어 냈습니다.

하지만 이걸 그냥 '지능' 하나 덕분이라고만 말하기에는 조금 허전하죠. 지능도 지능이지만, 사람이 지금의 높은 수준의 지능에 이를 수 있도록, 그리고 지능을 평상시에 언제든지 원활하게 발휘할 수 있도록 도와준 원동력이 존재할 테니까요. 심리학자들과 인류학자들은 이러한 원동력을 '호기심'이라고 말합니다.

호기심은 누구나 가지고 있는 보편적인 감정입니다. 호기심으로 인해 우리는 무언가를 찾거나 탐색하고, 결국에는 학습의 과정을 통해 특정한 결과에 도달하죠. 호기심은 예측이 어렵고, 사람마다 다른 양상을 띠기도 하고, 어떠한 경험을 해왔느냐에 따라 다른 결과로 이어지기에 다른 감정보다 고차원적이기도 합니다.

물론 호기심이 사람에게만 존재하는 건 아닙니다. 동물에게도 호기심이 있습니다. 불확실성이 가득한 야생 상태에서는 호기심을 가질수록 획득하는 정보의 양이 더욱 다양해지고, 어려운 상황을 더욱 쉽게 해결할 수 있거든요. 아마 계속 변화를 거듭하는 환경에서 살아가는 동물일수록 호기심이 강해야 더욱 생존이 쉬웠을 겁니다.

그런데 사람이 가지는 호기심은 동물들이 가지는 호기심의 수준을 아득히 뛰어넘습니다. 다른 동물들은 오직 생존을 위해서 호기심을 발휘한다면, 사람은 생존도 생존이지만 더욱 고차원적인 지식과 정보를 획득하기 위해 호기심을 발휘하거든요.

이러한 사실은 주변의 아이들만 봐도 쉽게 알 수 있습니다. 아이들은 우리가 살아가는 자연 세계와 인문 세계에 대한 호기심으로 가득해서 '이게 뭘까?, '왜?', '어떻게?', '어째서?' 와 같은 질문이 끊이질 않습니다. 때로는 질문이 너무 느닷없고 엉뚱해서 어떠한 답변을 해줘야 할지 난감하기도 합니다(...).

이런 호기심 덕분에 아무것도 모르는 갓난아기는 주변에 놓인 사람과 사물들을 보며 자연스럽게 말하는 방법과 사회성을 터득합니다. 유년기 때는 뇌와 지능이 왕성하게 발달하는 원동력이 되죠. 다른 동물과 비교해도 매우 높은 수준의 지능을 가진 지금의 우리를 만들어준 건 역시 호기심입니다.

갓난아기와 유년기 시기를 거친 우리도 평범하고 무난한 일상을 보내다가도 호기심을 가질 일이 많습니다. 미신을 믿다가도 똑똑한 사람이 왜 미신을 믿는지 궁금해집니다. 몸에서 나는 냄새는 악취라는 인식이 만연한 와중에 어떤 사람에게서 풍기는 냄새가 갑자기 좋게 느껴지죠. 또한, 사람들은 왜 술과 커피를 즐겨 마시는 것인지 의문이 들 때도 있습니다. 좀비 영화를 보다가도 좀비 바이러스가 정말 현실에 존재할 수 있는 것인지 두려움이 생기기도 합니다.

하지만 이런 호기심 어린 질문에 답해줄 수 있는 사람은 주위에 많지 않습니다. 다른 사람들한테 물어봐도 알아서 뭐하냐는, 왜 이런 걸 궁금해하냐는 답변뿐입니다. 독특하고 유별난 사람이라는 사회적 시선으로 돌아오기도 하지요(...). 그래서 유년기를 거쳐 나이가 들수록 '이게 뭘까?, '왜?', '어떻게?', '어째서?' 와 같은 문구가 들어간 대화는 점점 줄어듭니다.

현대 인류는 생존 문제를 해결됐지만, 여전히 미래가 어떻게 흘러갈지 모르는 불확실성의 세계에서 살아가고 있습니다. 당장 몇십 년 전만 해도 우리는 스마트폰이 없는 세상에서 살았는걸요. 이런 상황에서 스스로의 호기심을 억제하는 분위기에서 살아가야만 하는 우리가 다소 안타깝게 느껴집니다. 호기심의 해결이 행복과 긍정으로 이어지도록 진화해 온 우리 인류에게는 가혹하다고 생각합니다.

이 책은 여러분이 일상생활을 보내다가 문득 느낄 수 있는 다양한 유형의 호기심 20가지를 한 권의 과학교양서로 엮어낸 것입니다. 아마 책을 읽다가 나도 이런 호기심을 가져본 적이 있다며 여러 번 공감하실 것입니다. 호기심을 풀어줄 과학지식과 함께 각 주제의 마지막에는 희망편, 절망편, 참사편, 파멸편 4편으로 나눈 펀치라인까지 준비했으니 즐겁게 읽어주셨으면 좋겠습니다.

호기심은 갓난아기의 전유물도 아니고, 학교에서 열심히 공부하는 것이 의무이자 권리로 여겨지는 학생들의 전유물도 아닙니다. 누구나 당연히 가질 수 있는 보편적이고 당연한 감정입니다. 지금 이 책을 읽고 계신 독자 여러분도 내면에 풍부한 호기심이 자리잡고 계시리라 생각합니다. 이 책이 그런 모든 분께 재미와 행복과 긍정이 될 수 있길 바랍니다.

2021년 마지막 날 맑은 오후
고려대학교 중앙도서관에서 저술을 마무리하며
- 과학커뮤니케이터 박종현 -

목 차

3장 : 설마 했는데 정말이었어?

4장 : 여기에도 과학기술이 숨어 있었어?

01

핵무기를 가진 국가들끼리는 절대 전쟁이 일어나지 않는다?

게임이론

여러분은 서로의 행동이 서로에게 영향을 줄 수 있는 상황에서 어떠한 행동을 취해야 할지 머리를 싸매며 고민해본 적이 있나요? 이런 상황을 게임이 있는 상황이라고 부르는데요. 게임이론은 이렇게 게임이 있는 상황에서 전략적이고 올바른 선택을 할 수 있도록 도와주는 이론이랍니다.

> 나는 당신에게 러시아의 행동을 예측해줄 수 없소.
> 그것은 불가사의 속의 미스터리로 포장된 수수께끼요.
> – 윈스턴 처칠 (영국의 전 총리) –

살면서 우리는 수많은 선택의 순간에 놓입니다. 하지만 선택의 과정은 그렇게 단순하지 않죠. 그런데 만약 다른 사람들의 행동까지 고려해서 수많은 것 중에서 한 가지를 선택해야 한다면 선택의 과정은 더욱 복잡해집니다. 한 가지 사례를 들어보도록 하겠습니다.

현재 여러분이 사는 동네에 총 5곳의 주유소가 있다고 가정해 봅시다. 그런데 주유소들이 기름값을 1L당 100원씩 올리기로 담합을 했습니다. 동네에 있는 주유소들은 모두 1L당 100원을 더 벌 수 있으므로 5곳의 주유소 모두에게 이익이 되는 담합입니다. 동네 사람들은 울며 겨자 먹기로 1L당 100원을 더 지불하고 주유를 할 수밖에 없지요. 하지만 이러한 담합이 잘 유지될까요? 5곳의 주유소 모두 이득을 볼 수 있는 방법이기 때문에 잘 유지될 거라 생각하기 쉽지만, 유지되기 어렵답니다.

왜냐고요? 주유소 5곳 모두 담합에 참여할 때보다 담합을 어길 때 더 많은 수입을 얻을 수 있기 때문입니다. 만약 주유소 한 곳이 담합을 어기고 1L당 가격을 100원을 내렸다고 가정해 봅시다. 그렇다면 아마 이 주유소에는 사람들이 어마어마하게 몰리고, 그 외 4곳의 주유소에는 사람들이 거의 오지 않을 겁니다. 그러므로 담합은 얼마 지나지 않

아 취소되고 주유소 5곳이 모두 1L당 가격을 100원씩 내리게 될 것이라 예상해볼 수 있습니다(...). 주유소 5곳에는 다시 비슷한 비율로 사람들이 몰리겠지요. 아마 이 글을 읽고 계시는 독자 여러분들도 친구들 또는 경쟁자들과 비슷한 경험을 해보셨을 것입니다.

이처럼 서로의 행동이 서로에게 영향을 줄 수 있는 상황에 놓여 있을 때, '게임이 있는 상황'이라고 합니다. 실제로 우리는 스스로의 선택이 다른 사람에게 영향을 미치고, 그로 인한 다른 사람의 행동이 다시 스스로에게 영향을 미치는 '게임이 있는 상황'을 자주 접하곤 합니다. 게임이론이란 이렇게 게임이 있는 상황에서 어떻게 전략적인 선택을 해야 하는지 연구하는 것을 말합니다.

따라서 게임이론에서는 다른 사람들의 행동을 고려하며 자신이 얻고자 하는 것을 얻기 위해서는 어떻게 해야 하는지, 그리고 자신의 선택이 상대방의 선택에는 어떠한 영향을 미치고, 상대방의 선택이 자신에게는 또 어떠한 영향을 미치는지 종합적으로 분석한답니다. 참 흥미로운 연구 분야죠. 단순히 선택과 관련해서만 응용할 수 있는 분야인 것 같기도 한데요. 알고 보면 경제학, 정치학, 생명과학, 외교학, 인류학, 정부 정책의 수립 등 무수히 많은 분야에서 사용된답니다.

특히 생명과학에서 동물의 행동을 분석할 때 게임이론을 적용하는 경우가 많습니다. 생태학자들은 동물의 세계에서도 게임이 있는 상황이 늘 일어난다고 여기거든요. 특히 다른 종과 공생 관계를 맺고 있는 동물들이 그런 경우가 많답니다.

예를 하나 들어볼까요? 개미와 진딧물은 서로 공생 관계입니다. 개미는 진딧물이 다른 곤충들에게 잡아먹히지 않도록 보호해주고, 진딧물은 그러한 개미들에게 달콤한 감로를 제공합니다. 하지만 진딧물에게서 나오는 감로는 양이 너무 적어서 굳이 개미가 진딧물을 보호해주면서까지 감로를 얻어먹을 필요는 없을 수도 있습니다. 차라리 진딧물을 공격해서 통째로 잡아먹는 게 더 나은 방법일 수도 있습니다. 하지만 개미들은 그러한 행동을 하지 않습니다.

혹시 이유가 무엇인지 예상되시나요? 장기적으로 본다면 개미가 진딧물을 잡아먹는 것이 그리 좋은 방법이 아니기 때문입니다. 만약 개미와 진딧물이 서로 잡고 잡아먹히는 천적 관계가 된다면 진딧물은 개미를 피해 다닐 것이고, 개미는 이런 진딧물을 잡아먹기 위해 엄청난 에너지를 소모해야 합니다. 하지만 개미가 진딧물을 잡아먹지 않으면

개미와 진딧물은 서로
공생 관계를 유지하며 살아갑니다.

진딧물은 개미로부터 도망가지 않습니다. 오히려 같은 공간에 머무르며 달콤한 감로를 제공하죠. 당장은 진딧물을 잡아먹는 게 더욱 많은 먹이를 획득할 수 있기에 유리해 보이지만, 장기적으로 보면 진딧물에게 조금씩 감로를 얻어먹는 게 훨씬 유리한 것입니다.

그러므로 개미와 진딧물의 공생 관계는 서로에게 어떠한 행동을 취하는 것이 더 유리한지 판단하는 게임이 있는 상황을 거쳤을 것이라 예상해볼 수 있습니다. 아마 개미와 진딧물의 첫 만남은 서로 도움을 주는 공생 관계부터 시작해서 서로 먹고 먹히는 천적 관계까지 다양한 유형이 있었을 겁니다. 그런데 진딧물을 잡아먹지 않고 감로를 얻어먹은 개미 집단이 생존하고 번식하기가 더욱 유리했기에 지금에 이른 것이겠지요.

잘 생각해보면 사람이 살아가는 방식도 개미와 진딧물의 관계와 묘하게 비슷하답니다. 모든 사람은 자신에게 잘 대해주는 사람에게 마찬가지로 잘 하려고 노력하지만, 자신을 괴롭히거나 못되게 구는 사람에게는 복수하려 하거나 골탕을 먹이려고 하죠. 상대방에게 적극적으로

협조하는 착한 사람이라도 갑자기 상대방이 비협조적으로 나오면 그 사람도 바로 비협조적으로 태도가 바뀌는 일도 있습니다.

이처럼 누군가의 행동이 또 다른 누군가의 행동에 영향을 미치는 일은 너무 흔한 일입니다. 그러므로 우리가 살아가는 일상은 하루하루가 게임이 있는 상황이라고 할 수 있습니다. 학교에서도 학생들끼리, 직장에서도 직장인들끼리 다양한 유형의 행동을 취하며 다른 사람의 행동에 영향을 미치고, 다른 사람들의 행동이 나에게도 영향을 미치는 일이 계속될 수밖에 없으니까요.

좀 더 재미있는 이야기를 해 볼까요? 게임이론은 사람 대 사람 간의 관계뿐만 아니라, 국가 대 국가 간의 관계에서도 적용될 수 있습니다. 특히 냉전 시절 미국과 소련과의 관계가 게임이론으로 쉽게 설명 가능하답니다. 아이러니하게도 당시 미국과 소련의 관계가 최악으로 치닫

았음에도 불구하고 전쟁이 일어나지 않았던 이유 중 하나는 바로 양국이 대량으로 가지고 있는 핵무기 때문이었습니다.

만약 미국과 소련 두 나라 중 한 나라가 먼저 핵무기로 선제공격을 했다고 가정해 봅시다. 아마 선제공격을 당한 나라도 무사하지 못하지만, 선제공격을 시행한 나라도 절대로 무사하지 못할 것입니다. 공격을 당한 나라도 가만히 당하고만 있지 않고 보복공격을 했을 테니까요.

즉, 미국과 소련 어떤 나라가 먼저 선제공격을 하든지 상관없이, 일단 전쟁이 발발하면 두 나라 모두 몰살(...)될 것이 뻔하므로 미국과 소련 모두 선제공격을 생각할 여지가 전혀 없었던 셈입니다. 실제로 당시 냉전 시기에는 미국과 소련의 수많은 군인과 정치인들이 전쟁을 막기 위해 어마어마한 노력을 기울였다고 알려져 있습니다. 서로 으르렁거리며 수많은 전쟁 무기를 개발하고 핵무기를 비축했던 것과는 별개로 말이에요(...).

냉전 때 핵전쟁이 일어나지
않을 수 있었던 이유는 뭘까요?

비슷한 예로 불구대천의 원수지간 국가인 인도와 파키스탄이 거론됩니다. 이 두 나라는 전 세계적으로 핵무기 감축이 일어나고 있음에도 불구하고 서로 핵무기 경쟁을 지속하고 있습니다. 국경에서도 충돌이 잦지요. 하지만 어디까지나 국지전일 뿐이지 전면전으로 전쟁이 번지지는 않습니다. 양국이 가지고 있는 핵무기 때문에 쉽사리 큰 전쟁을 벌일 수가 없는 것입니다.

이처럼 핵무기는 게임이 있는 상황을 만들어 전쟁의 발발을 막고 평화를 유지하는 데 도움을 준다는 장점(?)이 있습니다. 언뜻 보면 경쟁 중인 국가를 대상으로 활용하기 좋은 방법 같기도 한데요. 사람들의 공포감을 이용해 평화를 유지한다는 점에서 그리 좋은 평가를 받지는 못합니다. 현재 우리나라가 북한의 핵 위협에도 불구하고 핵무기를 만들지 않는 이유가 바로 이것 때문이랍니다. 이왕이면 핵무기를 이용한 공포의 평화보다는 평화로운 분위기에서의 평화가 진정한 평화라고 할 수 있으니까요.

게다가 핵무기를 이용한 평화유지 전략은 한계가 많습니다. 서로가 상대방의 핵무기 공격에 취약해야 한다는 조건이 성립되어야 하거든요. 만약 한 쪽이 상대방의 핵무기 공격에 대비할 만한 완벽한 방어 체계를 구축하고 있다면 상대방의 보복공격에 대한 두려움 없이 선제공격을 감행할 수 있을 테니까요. 아마 당시 냉전 시기도 미국과 소련 두 나라 중 한 나라가 핵무기에 대한 완벽한 방어 체계를 가지고 있었다면 방어 체계를 가지고 있는 나라의 선제공격으로 거대한 전쟁이 일어

났을지도 모릅니다.

그렇다면 우리나라는 어떨까요? 우리나라도 냉전 때 미국, 소련과 마찬가지로 지금 게임이 있는 상황에 놓인 나라랍니다. 사실 우리나라뿐 아니라 전 세계 200여개 국가들이 모두 마찬가지입니다. 아마 전 세계 사람 중에서 전쟁을 원하는 사람은 없을 것입니다. 그럼에도 불구하고 각국에서 군사력을 강화하고 국방과학기술에 많은 돈을 투자하는 것은 평화를 유지하기 위해서입니다. 군사력을 강화하는 행동이 다른 나라들의 선제공격을 방지할 수 있으니까요.

실제로 미국, 영국, 프랑스, 중국, 일본, 한국처럼 군사력이 강한 나라들이 오히려 평화로운 상태를 유지하는 경우가 많습니다. 다소 씁쓸한 현실이지만 전 세계의 국가들이 모두 게임이 있는 상황에 놓여 있다는 것을 생각하면 어느 정도 이해가 되죠. 이런 이유로 전 세계 국가들이 모두 평화를 위해 군사력을 감축시키기로 합의하더라도 일부 국가가 합의에 동의하지 않거나 나중에 배신(!)해서 합의의 효력이 전혀 발휘되지 않을 가능성이 큽니다. 제가 위에 말씀드린 주유소 담합의 사례처럼 말이죠.

최악의 경우 합의를 지키며 군사력을 대폭 감축시킨 나라가 합의를 어긴 다른 나라로부터 침공당할 가능성도 충분히 있습니다(...). 물론 애초에 이런 합의 자체가 불가능하고, 전 세계의 국가들도 이러한 합의가 불가능하다는 사실을 잘 알고 있으니 이런 일이 벌어지지는 않겠지만요.

전 세계적으로 전염병이 퍼지는 팬데믹 상황에서 사람들의 방역수칙 준수 행동을 유도하는 데에도 게임이론이 적용됩니다. 실제로 코로나19 팬데믹 때 어떻게 해야 사람들이 마스크를 착용할지에 대한 연구가 게임이론을 기반으로 굉장히 활발하게 이루어졌습니다. 아무래도 마스크 착용은 마스크를 구매해야 한다는 경제적 부담과 함께 착용 시의 불편함 때문에 사람들이 착용을 꺼릴 수밖에 없는 선택지입니다. 그렇다면 사회 구성원들이 마스크를 쓰도록 유도하려면 어떻게 해야 할까요?

팬데믹 상황에서 A와 B 두 사람만 있다고 가정해 봅시다. 두 사람에게는 마스크를 착용하거나, 혹은 착용하지 않는 두 가지 선택지가 존재합니다. 이때, A는 마스크를 착용하는 선택지를 골랐습니다. 하지만 B는 A가 마스크를 쓰는 모습을 보고 마스크를 착용하지 않기로 했죠.

A가 이미 마스크를 착용했기 때문에 B는 마스크를 착용하지 않아도 전염병을 예방할 수 있게 되었으니까요.

하지만 이런 B의 모습을 보고 A가 가만히 있을까요? 절대로 그럴 리가 없죠. 불공평함(...)을 느낀 A도 결국 마스크를 벗어버릴 겁니다. 각자 자기만의 이익만을 생각하다가 A, B 모두에게 가장 좋지 않은 상황이 벌어진 거죠. 아마 실제 팬데믹 상황에서도 별도의 조치가 없으면 대부분의 사회 구성원들이 마스크를 쓰지 않을 거라 예상해볼 수 있습니다.

그러므로 사회 구성원 모두가 마스크를 쓰도록 유도하려면 강력한 조치가 필요합니다. 게임이론을 연구하는 학자들은 마스크를 쓰면 생겨날 이점에 대한 올바른 정보를 빠르게 전달해주는 것이 가장 확실한 해결책이라는 결론을 냈습니다. 올바른 정보를 접한 사람들은 마스크를 구매해 착용하기 시작할 것이며, 마스크를 착용하는 사람들의 비율이 일정량 이상을 넘어가면 모든 사람들이 마스크를 쓰게 될 거라는 거죠. 다들 마스크를 쓰고 있는데 본인만 쓰지 않으면 눈치가 보이니까요. 다른 사람들에게 왜 마스크를 쓰지 않는 거냐고 질타를 받을 수도 있고요.

실제로 코로나19 팬데믹 상황에서 사람들이 마스크를 썼던 가장 큰 이유는 마스크를 쓰는 행위가 본인에게 유리해서라기보다는 다들 쓰고 있는데 본인만 쓰지 않으면 이상하기(?) 때문이라고 말한 바 있습니다. 사람들이 마스크를 쓰는 행위가 마스크를 쓰지 않는 사람들에게

A가 마스크를 썼으니
난 안 써도 전염병을
예방할 수 있잖아?
그럼 내가 감염되잖아!!!
그런 게 어딨어?
B가 마스크 안 쓰면
나도 마스크 벗을래!
그건 나도 마찬가지거든?
옥신각신
B

팬데믹 상황에서 사회 구성원들이
마스크를 착용하게 하려면
어떻게 해야 할까요?

사회적 압력을 가한 셈이죠(...). 이처럼 사회 구성원들의 바람직한 행동을 유도하는 데에는 모두가 바람직한 행동에 참여하고 있다는 사회적 압력을 가하는 게 제일 중요하답니다.

단순해 보이는 게임이론이 이렇게나 다양한 분야에서 연구가 이루어지고 있다니 놀랍지 않나요? 게임이론은 사회 구성원이나 기업, 국가와 같은 행위자들을 각자의 이익만을 추구하려는 이기적인 존재로 여기다 보니 많은 비판을 받고 있는데요. 사람들의 사회적 행동, 국가의 외교적 행동 등을 너무 깔끔하고 명쾌하게 설명해주는 이론이라서 활발한 연구가 이루어지고 있답니다.

노벨경제학상을 받은 상당수의 연구가 게임이론을 기반으로 이루어졌고, 전혀 관련이 없어 보이는 생명과학 분야에서도 게임이론을 적용했는데요. 심지어는 코로나19 팬데믹 때 사회적 거리두기와 같은 방역 정책을 수립할 때에도 게임이론을 활용했으니 말 다 했지요.

아마 우리가 살아가는 사회와 기업과 기업, 국가와 국가 간에는 게임이 있는 상황이 계속될 것입니다. 어쩌면 시간이 지날수록 사람들 사이에서 수많은 전략과 노하우가 쌓이며 게임의 유형이 점점 다양해지고 복잡해질 가능성도 있죠. 그러므로 게임이론은 앞으로도 계속 수많은 분야를 넘나들며 활발한 연구가 이루어질 것입니다. 혹시 아나요? 나중에 독자 여러분이 사회에 만연해 있는 문제들을 해결하기 위해 게임이론을 바탕으로 전략과 대책을 수립해 나가는 훌륭한 전략가가 될지요.

과학의 파멸편 : 상호확증파괴와 비례억지전략

핵보유국이 적국에 핵무기 공격을 해도 핵무기 공격을 먼저 한 나라 역시 보복으로 핵무기 공격을 당할 수 있어서 전쟁을 꺼릴 때, 상호확증파괴 관계가 성립된다고 말합니다. 냉전 당시에도 미국과 소련 양측 모두 강력하고 많은 핵무기를 보유하고 있었기에 전쟁이 발발하지 않았죠.

그렇다면 핵무기가 있기는 하지만 여건상 미국이나 소련처럼 많이 보유하기 어려웠던 국가는 어떠한 전략을 펼쳤을까요? 냉전 당시 미국 진영에 서서 소련과 적대적인 관계였던 프랑스가 바로 이런 나라였습니다.

당시 프랑스의 핵무기 수는 수도인 모스크바 등 소련의 주요 도시 한 곳 정도는 완벽하게 파멸시켜버릴 수 있는 정도였습니다. 소련은 프랑스를 쉽게 침공하고 점령할 수 있었지만, 그 대가로 주요 도시를 잃는 감당할 수 없는 피해를 감당해야 하기에 쉽사리 프랑스를 침공할 수 없었지요. 프랑스가 적은 양이나마 핵무기를 보유해 소련의 침공으로부터 스스로를 보호할 전략을 짠 것입니다.

하지만 프랑스의 전략은 여기가 다가 아닙니다. 만약 소련의 침공을 당한 프랑스가 소련의 주요 도시를 핵무기로 완전히 파멸해 버리면 소련은 국력이 약해지고 미국과의 격차가 엄청 벌어질 것입니다. 이것은

냉전 당시 프랑스는
비례억지전략으로
소련의 침공을 막았습니다.

소련이 미국과의 경쟁에서 패배한다는 것을 의미합니다.

이때 소련이 할 수 있는 유일한 방법은 당시의 가장 강한 적국이었던 미국의 주요 도시를 핵무기로 공격해 국력의 차이를 줄이는 것뿐이었을 것입니다. 하지만 이를 예상하고 가만히 있었을 미국이 아니죠. 프랑스가 소련에 의해 핵무기 공격을 당하는 모습을 본 미국은 바로 소련을 핵무기로 공격할 겁니다(...). 상호확증파괴 관계인 미국과 소련의 핵전쟁이 벌어지고. 전 세계는 핵무기로 뒤덮이겠죠.

이처럼 '우리는 패배하지만, 너희도 다 같이 죽는다'라는 식의 전략을 '비례억지전략'이라고 부릅니다. 적은 핵무기만으로 침공한 적국에 피해를 주고 상호확증파괴까지도 유도할 수 있어서 상호확증파괴 못지않게 무서운 게임이론 전략이랍니다.

02

남성과 여성, 얼마나 많이 다른 걸까?

사랑의 심리학

이성의 친구를 만나거나 이성과 연애를 하다 보면 남녀 간의 생각 차이를 느끼게 될 때가 참 많습니다. 남녀는 대체 왜 이렇게 다른 걸까요? 지금까지 남녀 간의 차이는 경험을 통한 추측과 상상력으로 그냥 짐작하는 수준에 불과했는데요. 진화심리학이라는 학문이 등장하며 남녀 간의 차이를 과학적으로 분석할 수 있게 됐습니다.

남녀 간의 사랑은 이원적이고 상반되는 양성의 사람이 만나
이루는 것이기에 위대하고 아름답다고 할 수 있다.
- 데이비스 로렌스 (영국의 소설가) -

흔히 남녀 간의 차이를 이야기할 때 '화성에서 온 남성, 금성에서 온 여성'라는 표현을 사용합니다. 남성과 여성이 무려 5000만km 떨어진 화성과 금성의 거리만큼이나 너무 다르다는 것을 의미하는 거겠죠. 그냥 책의 제목에 불과했던 이 문장은 시간이 지나서 남녀 간의 차이를 나타내는 유명한 관용어구가 되었습니다.

실제로 이성과 사랑을 나눌 때 이해하기 힘든 이성의 행동 때문에 고민하는 사람들이 많습니다. '여성들의 생각은 너무 복잡해서 알다가도 모르겠다'는 남성들의 말이나 '남성들은 도대체 왜 이러한 행동을 하는지 이해할 수가 없다'는 여성들의 말이 남녀 간의 차이가 얼마나 큰지 잘 보여주죠(...).

당장 남성의 주요 관심사와 취미, 여성의 주요 관심사와 취미만 살펴봐도 남녀차이가 확연히 드러납니다. 남성은 컴퓨터 게임, 당구, 친구들과의 소주 한잔, 축구 경기 관람을 좋아하지만, 여성은 TV 드라마, 식사 전에 사진 찍기(?), 친구들과 몇 시간 동안 대화 나누기를 좋아하니까요. 남성은 이러한 취미를 가진 여성을, 여성은 이러한 취미를 가진 남성을 이해하지 못하죠.

물론 사람은 서로 다를 수 있습니다. 나랑 같은 성별인 친구도 성격

이 다르고 생각하는 게 다른데 이성은 얼마나 다르겠어요? 문제는 이성의 상대와 교류를 할 때 이성이 가지는 생각이나 심리를 이해하기 어려운 경우가 자주 생긴다는 겁니다. 사랑을 나누다가 문제가 생기거나 다투는 이유도 남성이 가진 심리를 여성의 관점에서만 바라보고, 여성이 가진 심리를 남성의 관점에서 바라보기 때문에 벌어집니다. 그러므로 성숙한 사랑을 하기 위해서는 남성은 여성의 심리를 이해해야 하고, 여성은 남성의 심리를 이해할 수 있어야겠죠.

한때 과학자들은 남녀가 서로 심리나 생각이 다른 것은 알겠는데 어떻게 다른지, 얼마나 다른지, 왜 다른지에 대해서 확실한 답을 내리지 못했는데요. 비교적 최근 들어서야 하나둘 답이 나오고 있습니다. 진화심리학이라는 학문이 등장하면서부터죠.

독자 여러분은 혹시 진화심리학에 대해서 들어보셨나요? 진화심리학이란 인간이 가지는 심리를 진화생물학적인 관점에서 이해하려는 학문을 말합니다. 우리는 자연에서 발생하는 수많은 위험요소를 극복하고 이성의 선택을 받아 번식에 성공한 조상들의 자손입니다. 그러므로 우리에게는 수백만 년에 걸쳐 번식에 성공한 무수히 많은 조상의 유전자가 고스란히 남아있을 것이라 짐작할 수 있습니다. 신체구조와 관련된 유전자뿐만 아니라, 우리의 심리 상태에도 긴밀하게 관여하는 유전자까지 말이죠.

남녀의 심리 차이와 진화심리학이 무슨 상관인지 잘 이해가 되지 않으신다고요? 놀랍게도 남녀의 심리 차이에 대한 답을 바로 이 진화심

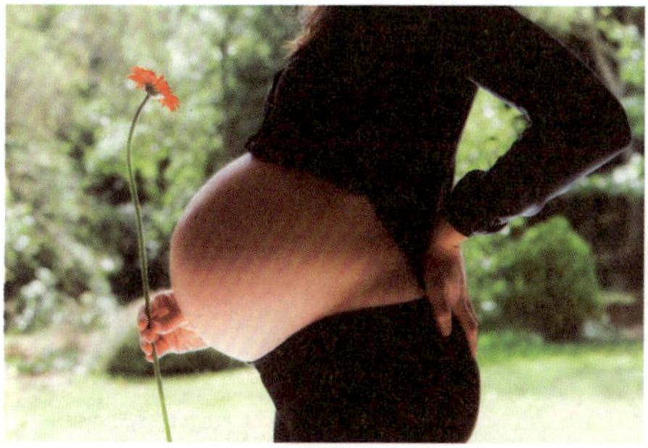

남녀 심리의 차이는 바로
임신 여부에서 나타납니다.

리학에서 찾을 수 있답니다. 어떠한 심리가 유전적으로 발달했느냐에 따라 번식 성공 여부가 달랐을 것이고, 번식 성공 여부를 높이는 데에 유리한 심리를 가진 개체가 좀 더 많은 자손을 남겼을 거라 짐작이 가능한데요. 남성에게 번식에 유리한 유전자가 달랐을 것이고, 여성에게 번식에 유리한 유전자가 서로 달랐을 것이므로 이성과의 관계와 관련해서 서로 다른 심리 기제가 세대를 거쳐 진화했을 테니까요.

남성과 여성 모두 심리 기제가 비슷하게 진화할 수도 있지 않냐는 분도 계시는데요. 남성과 여성은 결정적 차이가 있습니다. 바로 임신 여부입니다. 남성은 임신을 하지 않지만, 여성은 임신을 하거든요.

임신을 하지 않는 남성은 어떠한 심리 기제를 진화시킬 수밖에 없었는지부터 살펴봅시다. 일단 남성은 이성의 상대와 성관계를 맺을 수만 있다면 원하는 수만큼 자식을 마음껏 낳을 수 있습니다. 몇 분 정도면(?) 충분하니까요. 이건 달리 말하면, 남성의 번식 성공 여부는 얼마나 많은 여성과 성관계를 가지느냐에 달려 있다는 의미입니다.

지금으로부터 몇백만 년 전, 두 가지 유형의 남성이 있었다고 가정해 봅시다. 한 남성은 한 여성만을 사랑하는 충실한 성격이고, 다른 남성은 여러 여성을 만나며 성관계를 가지는 바람둥이 성격입니다. 충실한 성격의 남성은 오직 한 명의 여성과 성관계를 가질 것이기 때문에 평생 낳을 수 있는 자식의 수는 아무리 많아야 10명~15명 정도일 거라 예상할 수 있죠.

하지만 바람둥이 성격의 남성은 다릅니다. 성관계를 계속 맺을 것이기 때문에 더욱 많은 여성을 임신시키고, 훨씬 많은 자식을 남길 수 있으니까요. 이런 상황이 세대를 거쳐 계속 반복되다 보면 어떻게 될까요? 아마 바람둥이 성격에 관여하는 유전자를 가진 남성들의 수가 점점 늘어날 것입니다.

그래서 남성은 여성에 비해 성관계를 관대하게 여기는 편입니다. 성관계를 쉽게 여기는 남성일수록 더 많은 자식을 남길 수 있었으니까이러한 성향이 진화한 거죠. 실제로 이성을 처음 만난 이후 그 사람과 성관계 합의에 도달하기까지 걸리는 시간은 남녀 간의 차이가 매우 큰 편입니다. 남성은 이성을 만난 지 한 시간이 채 되지 않아도 이성과 성관계에 합의할 가능성이 매우 높거든요(...).

하지만 여성은 다릅니다. 여성은 남성처럼 바람둥이 성격이 별로 도움되지 않습니다. 남성을 많이 만난다고 해서 더욱 많은 자식을 낳을 수 있는 것은 아니니까요. 여성은 평생 낳을 수 있는 자녀의 수가 많아야 10명~15명(?) 남짓입니다. 그래서 여성은 많은 남성과 성관계를 가지는 것보다는 나와 자식에게 헌신하는 남성 한 명을 찾아 충실하는 것이 번식성공도를 높이는 방법이었습니다.

특히 지금과는 다르게 열악한 야생 상태에 놓인 여성이라면 더욱 그랬을 수밖에 없었겠죠. 여성은 한 번 임신하면 10개월 동안 상당한 에너지를 소모하며 아기를 뱃속에 품고 있어야 하며, 출산 후에도 수유와 육아를 몇 년 동안 맡아야 합니다. 이런 상황에서 만약 나와 자식에게 헌신하지 않는 남성과 성관계를 맺고 임신했다면 나와 자식 모두 굶어 죽을 수밖에 없었을 겁니다.

후대에 훨씬 많은 자식을 남길 수 있었던 여성은 남성을 까다롭게 고르고 성관계도 신중하게 판단하는 여성이었습니다. 이러한 상황이 세대를 거쳐 계속 반복되었다면 어떻게 되었을지 예상되시죠? 남성을 까다롭게 고르고 성관계를 신중하게 하도록 돕는 유전자를 가진 여성들의 수가 점점 늘어났을 것입니다. 임신 여부 하나만으로 성관계를 바

지금까지의 데이터에 의하면 후대에 많은 자식을 남긴 여성은 남성을 까다롭게 고르고 신중한 성관계를 맺었다는 결과가 나왔습니다.
그런 유전자를 가진 여성의 수를 늘릴 필요가 있겠군.
유전자를 널리 퍼뜨리기 위해서 말이죠.

라보는 남녀의 심리 기제가 완전히 다르게 진화한 거죠.

실제로 여성은 아무리 얼굴이 잘생기고 성격이 좋은 남성도 만난 지 얼마 되지 않았다면 성관계를 가지지 않으려는 성향이 강한 편입니다. 오랜 시간 동안 남성의 성격이나 능력 등을 세심하게 살펴보면서 이 남성이 나와 자식에게 헌신할 수 있는 남성인지를 알아보고, 확신이 들었을 때 성관계 합의에 도달하게 되지요.

모든 남성과 여성이 그러지는 않을 거라고요? 맞는 말입니다. 하지만 통계적으로 남성과 여성 각각의 경향성을 살펴보면 차이는 분명히 존재합니다. 이를 입증하는 실험들도 굉장히 많이 이루어졌습니다.

한 실험에서는 설문조사를 통해 매력적인 이성이 성관계를 제안했을 때 어떻게 했는지를 남녀별로 조사했는데요. 남성 4명 중 3명은 성관계에 흔쾌히 응하겠다고(…) 답했습니다. 그 여성이 누구인지, 성격은 어떤지도 전혀 따지지 않고 말이죠. 그런데 여성은 대부분 불쾌감을 보이며 성관계에 응하지 않겠다고 답했습니다. 미국이나 유럽처럼 성에 개방적인 나라들은 여성도 남성만큼이나 성관계에 응했을 거라 예상할 수도 있는데요. 남녀의 성관계에 대한 인식은 국적과 문화권을 막론하고 다 비슷했다고 합니다.

이처럼 대부분의 여성들은 남성들의 이런 성급한(?) 생각을 별로 좋아하지 않습니다. 실제로 여성들이 가장 이해하기 힘든 남성들의 행동 중 하나가 너무 성관계(…)만 너무 밝히는 것이라고들 하죠. 하지만 진

자녀가 자라는 동안
아빠의 역할은 매우 중요합니다.

화심리학적 관점에서 보면 남성은 자식을 많이 퍼뜨리기 위해 이러한 심리 기제를 진화시킨 것일 뿐입니다. 우리는 모두 바람둥이 남성 조상님들이 남긴 유전자를 보유한 자손이니까요.

그렇다고 남성에 대해 나쁘게 생각할 필요는 없답니다. 모든 남성이 바람둥이 성격은 아니거든요. 남성의 바람둥이 성격이 무조건 번식에 도움이 되는 것은 아닙니다. 인간 아기는 부모의 도움 없이는 절대로 살아남을 수 없기 때문입니다. 다른 동물들은 태어나자마자 바로 걷고 뛸 수 있지만, 인간 아기는 첫걸음을 떼기까지 짧으면 9개월, 길면 16개월까지 걸립니다. 첫걸음을 떼고 나서도 스스로 먹이를 구할 수 있을 정도로 성장하려면 몇 년이 더 지나야 하죠.

이 긴 기간 동안 아빠의 역할은 절대적으로 중요합니다. 성관계에만 과도하게 신경 쓰고(...) 배우자와 자식을 위해 헌신하지 않은 남성들의 자식은 열악한 야생 상태에서 살아남기가 매우 어려웠겠죠. 사실상 번식에 실패했을 거라는 의미입니다.

그래서 현대의 남성에게는 바람둥이 유전자와 함께, 한 여성과 자녀에게 충실하려는 유전자도 남아 있답니다. 여성이 남성보다 연애를 더욱 신중하게 고민하는 이유도 남성이 한 여성과 자녀에게 충실할 수 있는 사람인지 알아보기 위해서겠죠. 물론 남성들은 여성들이 연애의 시작과 성관계의 합의를 주저하고 고민하는 모습을 이해하지 못하지만요.

여기까지만 보면 임신이 여성에게 너무나도 불리해 보이기만 하는데요. 꼭 그렇지는 않답니다. 남성도 마찬가지에요. 임신하지 않는 덕분에 성관계에 있어 여성보다 자유로워 보이지만, 이게 마냥 좋기만 한 건 아니거든요.

남성의 가장 큰 문제는 아내가 자식을 낳았을 때 자식이 나의 유전자를 물려받은 친자식인지, 다른 남성의 유전자를 물려받은 남의 자식인지 알 수가 없었다는 겁니다. 지금이야 유전자 검사를 통해 친자식 판정을 받을 수 있지만, 유전자 검사는 최근 들어서야 생겨난 기술이니까요. 그래서 남성에게 아내의 바람은 심각한 문제였습니다. 자칫하면 한평생을 내 자식이 아닌 다른 자식을 키우는 데에 바쳐버릴 수도 있는 거니까요.

이런 이유로, 남성은 아내가 다른 남성과 성관계를 가지는 것을 두려워하도록 진화했습니다. 많은 남성과 성관계를 가지는 여성보다는 성관계 경험이 전혀 없거나 적은 여성을 성관계 파트너로 더욱 선호하도록 말이죠.

이러한 경향은 지금까지도 남아있어서 남성들은 연애경험이 많은 여성보다는 연애경험이 적은 여성을 선호하는 경향이 있습니다. 여성의 입장에서는 참 이해가 되지 않는 남성의 심리 중 하나지요(...). 우리나라도 예외는 없어서 남성 중심 사회였던 조선 시대 때에도 여성들은 평생 한 남성만 바라보며 사는 것이 여성의 당연한 도리로 여겨졌습니다.

여성은 어떨까요? 여성은 남성처럼 남의 자식을 키울 수도 있을 거라는 두려움을 가질 필요가 없습니다. 어떤 남성과 성관계를 했든 상관없이 본인이 낳은 자식이라면 무조건 본인의 유전자를 물려받은 친자식일 테니까요. 남성보다 여성이 육아에 더 몰입하는 이유도 바로 여기에 있답니다. 물론 현대적인 사회에서는 예외적인 부부들도 많지만, 원시적인 사회로 갈수록 이러한 경향은 더 강해지죠.

여성이 남편의 바람에 둔감하거나, 남편의 바람을 좀 더 쉽게 용서해 준다는 것은 아닙니다. 위에도 말씀드렸지만 여성은 자식과 함께 열악한 야생 상태에서 살아남으려면 남성의 도움이 꼭 필요합니다. 그러므로 남편의 바람은 자칫하면 나와 자식의 생존이 위협받을 수도 있다는 위험신호입니다.

바람에 대한 남성의 심리와 여성의 심리는 차이가 바로 여기서 드러납니다. 남성은 아내가 다른 남성과 성관계를 가지는 것을 불안해하는 것입니다. 하지만 여성은 남편이 다른 여성과 감정적인 유대관계를 쌓는 것을 불안해합니다. 왜 그런지는 예상이 되시지요? 남성은 친자식이 아닌 자식을 키우게 될 가능성 때문에 성관계에 더 비중을 두는데요. 여성은 남성이 나와 자식을 버릴 수도 있다는 가능성 때문에 관계에 더 비중을 두는 것입니다.

이처럼 최소한의 시간 투자로 자신의 유전자를 널리 퍼뜨리려는 남

많은 분들이 진화심리학에서 말하는 남녀의 차이와 갈등, 전략이 불편하다고 말합니다.

성, 변치 않는 사랑과 헌신을 원하는 여성은 서로 다를 수밖에 없습니다. 그래서 남성은 여성에게 자신의 능력과 재산을 과시하고, 사랑과 헌신을 맹세하며, 허세(...)를 부리는 전략이 존재합니다. 자신의 지위나 성격을 속이기도 하고요.

반면 여성은 남성에게 건강한 아이를 낳을 수 있음을 보여주기 위해 탱글탱글한 피부와 찰랑찰랑한 머릿결을 유지하면서 건강을 과시하는 전략이 존재합니다. 성관계에 관심이 있다는 듯이 상대방을 유혹하거나 성관계 경험이 없는 것처럼 행동하기도 하고요.

진화심리학으로 남녀의 심리 차이를 살펴보고 나니까 어떠신가요? 아마 불편함을 느끼신 분들이 많을 것입니다. 사실 진화심리학을 좋게 생각하는 분은 거의 없습니다. 다양한 학문 분야 중에서도 가장 논란의 중심에 서 있는 학문이기도 합니다. 남녀 사이에서 벌어지는 전략(?)이나 갈등을 노골적으로 드러내고 있으니까요. 게다가 진화심리학은 우리가 번식에 우위를 점했던 조상님들의 자손(!)이라는 사실을 드러내기에 우리의 존재 가치를 폄하하는 것 같기도 합니다.

하지만 진화심리학은 절대로 '우리가 원래 이러한 심리를 가진 채 태어난 존재이기 때문에 이렇게 살아도 된다'는 것을 알려주는 학문이 아니랍니다. 단지 남성이 여성에 비해, 여성이 남성에 비해 특정한 경향이 있다는 것을 알려줄 뿐이지요. 도덕적 잣대나 인류의 보편적 가치와는 전혀 상관없이 말이죠.

진화심리학은 추측과 상상력(?)에 머무르던 남녀의 심리 차이를 과학적으로 분석해 냈습니다. 문제는 이렇게 밝혀진 사실들이 굉장히 불편하게 느껴질 수밖에 없다는 건데요. 불편하다는 이유 하나만으로 과학적 사실을 부정해서는 안 됩니다. 오히려 이해하고 받아들이는 것이 남녀의 더 나은 관계를 고민하고 남녀갈등을 해소할 수 있는 길이라고 생각합니다.

과학의 절망편 : 배란기 때의 남성과 여성

배란기 여성은 체내에서 배란이 일어나기 때문에 성관계를 하면 임신 가능성이 굉장히 높습니다. 실제로 가임기(임신이 가능한 시기)를 배란 예정일 3~4일 전과 배란일 1~2일 후로 예측하죠.

달리 말하면 남성은 배란기인 여성과 성관계를 해야만 자신의 자녀를 낳고, 자신의 유전자를 널리 퍼뜨릴 수 있게 된다는 의미이기도 합니다. 만약 남성이 여성의 배란기를 안다면 번식에 좀 더 유리한 고지를 점할 수 있겠죠. 그래서 남성은 배란기의 여성을 배란기가 아닌 여성보다 더욱 매력적으로 느낄 수 있도록 진화했습니다.

이를 흥미롭게 여겼던 미국 캘리포니아대학 마티 헤이슬턴 교수가 연구를 진행하기도 했는데요. 배란기와 배란기가 아닌 시기에 찍은 동일한 여성의 사진을 남성들에게 보여주었더니 남성의 60%가 배란기에 찍은 사진을 더욱 매력적이라고 답했다고 합니다. 실제로 여성들은 배란기가 오면 피부가 매끈해지고, 가슴이 커지고, 남성에게 매력을 주는 체취가 더욱 강해집니다. 심지어 목소리가 평소보다 고음이 되어서 남성에게 더 매력적으로 느껴진다는 연구도 있습니다.

성욕이 왕성해지는 것도 흥미로운 특징입니다. 배란기 때 성관계를 해야 번식을 할 수 있으니 이렇게 진화한 거죠. 그런데 여기서 다가 아닙니다. 만약 연애 중이라면 기존의 남자친구를 비판적으로 바라보는

배란기 여성은 평소 때보다
바람을 필 확률이 높습니다.

반면, 주변의 키가 크고 잘생기고 근육질인 남성들에게 눈길이 가기 시작하거든요(...). 바람기가 늘어난다는 겁니다.

이는 근사한 남성과 바람을 피워서 우월한 유전자를 가진 자녀를 낳을 수 있도록 진화한 것입니다. 배란기에만 해당되는 말이기 때문에 남편에게 바람을 들킬 확률도 낮추고요. 게다가 이렇게 태어난 자녀를 남편이 키워 준다면 아내에게는 큰 이득일 것입니다.

충격적이죠? 인간의 진화는 도덕적 가치와 인류의 보편적 가치와는 상관 없이 생존과 번식에 유리한 유전자의 존속을 위해서 이루어졌습니다. 현재 우리의 유전체에도 이런 나쁜 본성이 스며들어 있죠. 진화심리학이 괜히 논란에 중심에 서 있는 학문이 아닙니다.

03

아무리 똑똑한 사람도 미신을 믿을 수밖에 없다?

미신의 과학

숫자 4는 불길하다거나, 빨간색으로 이름을 쓰면 좋지 않다는 등 우리 주변에는 다양한 미신들이 있습니다. 과학적으로 아무런 근거가 없다는 걸 알면서도 대부분의 사람들은 이러한 미신들을 믿고 따르죠. 따르지 않으면 찝찝하니까요. 똑똑하고 합리적인 판단도 할 줄 아는 존재인 사람이 도대체 왜 그러는 걸까요?

> **두려움은 미신의 근본이며 잔인함의 근원이다.**
> **두려움을 정복하는 것이 지혜의 시작이다.**
> **– 버트런드 러셀 (영국의 수학자) –**

미국에서는 야구가 굉장히 인기 있는 스포츠입니다. 그러다 보니 야구와 관련된 사건 사고도 참 많이 벌어지는데요. 2008년에 있었던 사건에 대해 알려드리려고 합니다.

누군가가 미국 메이저리그 팀인 뉴욕 양키스의 홈구장에 저주(?)를 걸었다는 사실이 알려졌습니다. 뉴욕 양키스의 홈구장에다가 뉴욕 양키스의 가장 큰 라이벌인 보스턴 레드삭스의 유니폼을 묻어 놓았던 것이죠. '이게 어떻게 저주야?'라는 생각이 드실 수도 있지만, 뉴욕 양키스의 팀원들은 전혀 그렇게 생각하지 않았던 것 같습니다. 지어진 지 얼마 되지도 않은 홈구장의 바닥을 부숴서 보스턴 레드삭스의 유니폼을 꺼내려고 했거든요. 왜 이렇게까지 했을까요? 보스턴 레드삭스와 사이가 너무 나빴기에 보스턴 레드삭스 유니폼에 불길한 힘(?)이 숨어 있었을 거라 믿었기 때문입니다.

이 사건은 미국에서 큰 이슈였습니다. 홈구장을 부수고 보스턴 레드삭스의 유니폼을 꺼내는 공사 현장에서는 기자들이 가득 몰려들었을 정도였죠. 시간이 지나서 보스턴 레드삭스의 유니폼을 홈구장에 묻은 사람은 홈구장 건설에 참여했던 공사장 인부로 밝혀졌습니다. 뉴욕 양키스의 구단주는 공사장 인부를 고소했죠. 유니폼은 아무런 위험이 되지 않는 물건(...)이라는 사실을 생각해보면 다소 황당한데요. 이 사건을 무조건 황당한 일이라고만 생각할 수는 없습니다. 우리는 일상 속에서 이렇게 미신을 믿는 일이 자주 있거든요.

한국인들이 가장 많이 믿는 미신은 무엇일까요? 하나만 꼽으라면 숫자 4를 죽음의 숫자라고 생각하는 것입니다. 숫자 4가 죽을 사(死)와 발음이 똑같아서 이런 미신이 생겼지요. 그래서 우리나라에 있는 거의 모든 엘리베이터는 4층을 4층이라고 표시하지 않고 F로 표시합니다. 심지어 일부 병원 건물들은 3층의 다음 층이 4층이 아니라 5층인 경우도 있지요.

하지만 그렇다고 해서 4층을 없애면 방문하는 사람들 사이에 혼란이 생길 수 있어서 4층에 병실 대신에 장례식장을 배치하기도 합니다. 아무래도 병원은 죽음과 밀접한 장소인 만큼 숫자 4에 반감을 심하게 가질 수밖에 없는 것 같습니다. 아무리 미신을 믿지 않는 사람도 병원 건

물의 4층 4호실(...)에 입원하는 건 찝찝하다고 말할 정도니까요.

우리가 믿고 있는 이런 미신들은 조금만 생각해보면 정말 말도 안 된다는 것을 금방 알 수 있습니다. 숫자 4는 그냥 죽을 사(死)와 발음이 똑같을 뿐입니다. 다른 나라에서는 숫자 4에 이렇게까지 나쁜 의미를 부여하지 않지요. 그런데 한국인들은 이 사실을 잘 알면서도 숫자 4를 여전히 꺼리고 찝찝하다고 생각합니다. 이성적인 판단과 감정이 따로 놀고 있는 셈입니다.

그렇다고 해서 똑똑한 사람일수록 이런 미신을 안 믿는 것도 아닙니다. 미신은 어떤 유형의 사람이든지 누구나 조금씩은 믿고 있는 보편적인 현상이거든요. 실제로 전 세계의 사람들은 모두 결혼하면 왼손 약지에 결혼반지를 끼면서 반지라는 물체에 의미를 부여하죠. 게다가 스스로 미신을 믿지 않는다고 주장하는 사람도 재미로 운세나 사주를 보기도 하고요.

사람들은 왜 이렇게까지 미신을 믿을까요? 미신이 대부분 아무런 근거도 없는 가짜라는 사실을 너무나도 잘 알고 있으면서도 말이에요. 게다가 이렇게 미신을 믿는 현상이 특정 지역이 아니라 전 세계에서 골고루 나타난다는 것은 더욱 흥미롭습니다.

우리 인류는 지구상에 살기 시작했을 때부터 불확실성에 휩싸인 채 살아야 했습니다. 당장 내일 맹수에게 물어뜯겨 목숨을 잃어도 이상하지 않았고, 천재지변이 일어나 농사를 망쳐도 전혀 이상하지 않은 일

상이었죠.

지금은 인류의 목숨을 위협하는 요소들이 많이 줄어들긴 했지만, 알 수 없는 미래를 걱정하면서 살아가야 하는 것은 예나 지금이나 다르지 않습니다. 학생이라면 몇 년 후 어떤 대학교에 입학할지 알 수 없고, 취업준비생이라면 취업을 할 수 있을지, 한다면 어디에서 일하게 될지 알 수 없죠. 취업한 이후에는 노후대비를 해야 합니다(…). 인간의 삶은 안타깝게도 대부분 이런 식이죠. 자신의 미래를 미리 알 수 없기에 벌어지는 일입니다. 사람들이 미신을 믿는 가장 큰 이유는 바로 이런 불안과 불확실성으로부터 기원합니다.

좀 극단적이지만 우리 앞에 전쟁 상황이 펼쳐졌다고 생각해봅시다. 당장 내일 총에 맞아 죽어도 이상하지 않은 상황이죠. 이때 사람들은 무의식적으로 자신의 미래가 앞으로 어떻게 흘러갈지 알 수 없는 상황을 조금이나마 통제하려고 합니다. 사실과는 거리가 먼 가짜 설명을 도입하는 방식으로 말이죠. 실제로 걸프 전쟁 당시 이스라엘에서는 '집에 들어갈 때 오른발을 먼저 들여놓아야 총을 맞지 않는다'처럼 말도 안 되는 미신들이 엄청 기승을 부렸습니다. 아무리 말도 안 되는 사실이라도 전쟁이라는 극단적인 상황을 조금이나마 통제할 수 있다는 생각으로 그냥 믿었던 것이죠. 이것을 심리학에서 '통제감을 갖는다'고 표현합니다.

통제감을 가지게 되면 뭐가 좋을까요? 일단 어려운 상황에서 조금이나마 안정감을 가지게 됩니다. 그리고 어려운 상황을 극복할 수 있을 것이라는 희망과 자신감이 생겨나지요. 희망과 자신감은 아무리 어려운 상황에서도 포기하지 않고 살아갈 수 있도록 돕는 원동력이 된다는 점에서 꽤 긍정적이라고 볼 수 있습니다. 결과적으로만 보면 미신은 우리가 미래를 조금이나마 희망적으로 생각할 수 있도록 돕고 활기차게 살아갈 수 있도록 해주는 좋은 녀석인 셈입니다.

그렇다면 어려운 상황에서도 미신을 믿지 않은 사람들은 어떻게 될까요? 더욱 어려운 상황에 놓입니다(...). 스스로 그 어떤 것도 통제할 수 없게 되었다고 판단하고 더욱 심한 불안감과 우울감에 빠져들게 되거든요. 심할 경우 미래가 너무나도 막막해진 나머지 체념해버리기도 하고요. 이렇게 보면 어려운 상황에서는 차라리 미신을 믿는 게 정신 건강 측면에서는 훨씬 낫습니다.

이처럼 인류는 주위 상황을 통제하려는 본성을 가질 수밖에 없었습

인류는 예로부터 불확실성이 있는 상황을 극복하기 위해 다양한 점술을 만들었습니다.

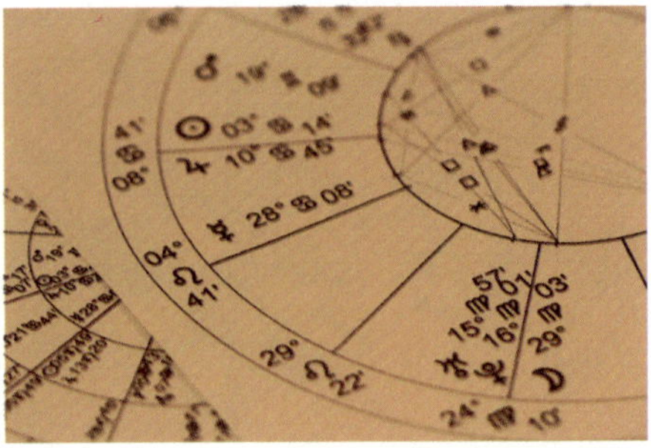

니다. 덕분에 이와 관련된 문화도 다양하게 탄생했지요. 대표적인 예가 바로 점술입니다. 우리나라를 포함한 동양에서는 생년월일로 사람의 길흉화복을 점치는 사주가 있으며, 유럽이나 미국 같은 서양에서는 천체의 운동으로 사람의 운명을 예상하는 점성술이 있습니다. 이처럼 점술은 전 세계 어디든 다양한 형태로 존재하며, 미래를 예측하는 도구라는 공통점이 있죠. 미래를 예측할 수 있어야 미래에 대한 통제감을 가질 수 있거든요.

사람들이 여전히 사주와 타로를 믿는다는 건 현대 인류도 과거 때만큼이나 불안감에 휩싸여 일상을 보낸다는 걸 의미합니다. 실제로 사람들은 앞날이 불안할수록 사주나 타로 같은 것들을 더 많이 믿는 경향이 있습니다. 그래서 경제가 어려워질수록 점집이나 타로 카페는 더 많은 손님을 불러들인다고 하죠.

물론 사람들이 모두 사주나 타로를 선호하는 건 아닙니다. 일부 사람들은 사주나 타로를 믿는 사람들이 의지가 약하거나 심신이 약하다(...)고 생각하죠. 그런데 꼭 그렇다고 볼 수는 없습니다. 우리나라에서 사

주를 보는 사람들에게 어떠한 심리적 특성이 있는지 연구를 진행한 적이 있는데요. 놀랍게도 그 어떤 심리적 특성도 사주를 많이 보는 것과 상관이 없었다고 합니다. 의지가 약하거나 심신이 약한 사람들만이 사주와 타로를 믿는다는 건 잘못된 편견이었던 거지요.

결국 점술은 사람이라면 누구든지 관심을 가질 수 있을 만한 것들이었던 셈입니다. 아마 과학기술이 엄청나게 발달한 미래에도 점술은 계속 사라지지 않고 우리 곁에 남아 있을 겁니다. 아무리 과학기술이 발전해서 더 풍족한 삶이 우리 앞에 펼쳐지더라도 인류는 여전히 미래를 정확히 예측해낼 수 없을 테니까요. 불안하고 어려운 상황이 전혀 찾아오지 않을 거라는 보장도 없고요.

점술에 대해 나쁘게 생각할 필요는 없답니다. 점술은 조금만 이성적으로 생각해봐도 말도 안 되고 오류도 많지만, 사람들에게 심리적 위안을 주고 삶의 희망과 자신감을 북돋아 주니까요. 점을 즐겨보는 사

내 몸이 이상해...
정신
의지
사르르...
꽥!

람들도 대부분 점술이 미신이라는 사실을 잘 인지하고 있으니까 사회적으로 심각한 문제가 생길 일도 없고요. 점술을 광적으로 믿는 사람이라면 점술이 문제라기보다는 그 사람이 좀 더 문제가 있다고(...) 봐야 할 것입니다.

종교도 미신과 마찬가지로 사람들의 불안과 불확실성을 줄여주는 역할을 합니다. 특히 사후세계와 절대적인 신이 존재한다고 믿는 종교들이 대부분 그렇죠.

우리는 죽으면 어떻게 되는지 명확하게 알 수 없기에 죽음에 대한 엄청난 공포심을 가지고 있습니다. 때로는 이 죽음에 대한 생각에서 한 발자국 더 나아가, 나라는 존재란 무엇이며, 어디에서 온 것인지에 대한 고민도 깊이 있게 하죠. 아마 사람이라면 살면서 최소 한 번쯤은 죽음과 자신의 존재에 대해 생각해본 적이 있을 것입니다. 드라마나 영화에서도 사후세계를 많이 다루는 것을 보면 사람들에게 죽음은 꽤 큰 이슈인 것 같습니다.

그런데 사후세계라는 게 정말 존재할까요? 안타깝게도 과학자들은 그렇게 생각하는 것 같지 않습니다. 특히 뇌과학자들은 우리의 정신활동과 의식이 오직 뇌에서만 발생하는 것으로 여깁니다. 사람이 죽으면 영혼이 빠져나가 사후세계로 가는 것이 아니라 뇌의 활동이 멈춰서 정신과 의식이 완전히 사라져 버린다는 거지요. 이 말은 '나'라는 존재가 완전히 없어져 버린다는 말과도 같은데요. 굉장히 무섭고 두려운 일입

종교들은 사후세계에 대해
설명하는 경우가 많습니다.

니다.

하지만 종교를 믿으면 이런 고민과 공포심이 해소됩니다. 사후세계와 절대적인 신의 존재를 통해서 죽음 이후의 삶에 대한 통제감이 생기는 거지요. 사람들이 종교를 믿는 이유는 여러 가지가 있지만, 죽음에 대한 공포 때문에 믿는 비중도 무시할 수 없을 것입니다. 어쩌면 전 세계에서 여전히 종교의 위세가 강한 이유를 바로 여기에서 찾을 수도 있을 것 같습니다. 실제로 지구멸망 루머가 기승을 부릴 때마다 종교를 믿지 않았던 꽤 많은 사람들이 종교를 믿기도 한다는 우스갯소리가 있지요.

종교에 대한 믿음이 매우 높은 분들은 신과 사후세계가 분명히 존재할 것이라고 말합니다. 정말로 그럴 수도 있겠죠. 그런데 아직은 신과 사후세계를 증명할 만한 증거가 전혀 없습니다. 어쩌면 신과 사후세계는 오직 사람들의 뇌 속에만 존재하는 것일지도 모릅니다. 정체를 알 수 없는 이 세상을 살아가는 자기 자신에게 의미를 부여하고, 죽음에 대한 공포심을 해소하기 위해서 말이죠. 놀랍게도 최근 연구 결과에 따르면 종교를 믿는 사람과 종교를 믿지 않는 사람의 뇌 구조가 약간 다르다고 합니다.

사람의 뇌는 애초에 처음부터 미신이나 초자연적인 힘 같은 것들을 믿을 수밖에 없도록 설계되었습니다. 그러므로 우리는 아무리 미신을 믿지 않으려 해도 막상 4층에 있는 병실에 입원하자니 찜찜할 것이고, 현실에서는 단 한 번도 본 적 없는 신이 계속 우리를 어디선가 지켜보고 있을 거라고 생각할 겁니다. 사람이 지구상에서 가장 똑똑한 동물이라는 걸 생각해보면 참 재미있죠. 알고 보면 사람이 그렇게까지 이성적이거나 논리적이지는 않다는 말이니까요.

우리 인류가 너무 비논리적이고 바보 같다고 자책할 필요는 없답니다. 만약 사람들이 모두 너무 이성적이고 논리적이어서(?) 오직 과학적 사실만 믿으려 한다면 그건 그거대로 문제가 될 테니까요. 아마 지금보다 훨씬 삭막한 세상이 오지 않을까 생각이 드네요. 실제로 우리는 너무 이성적이고 논리적으로만 행동하는 사람들을 보고 인간미가 없다는 표현을 쓰니까요. 그냥 지금과 같이 과학도 믿고 미신도 적절히 믿는 게 가장 사람다운 모습이 아닐까요.

과학의 희망편 : 일본에는 왜 요괴담이 많을까?

전 세계에서 미신이 없는 나라는 없다고 하지만, 일본은 다른 문화권에 비해 미신이 유독 많은 편입니다. 특히 요괴담이 굉장히 다양하죠. 그런데 이런 요괴담이 대부분 전국시대 때 만들어졌다는 사실을 아시나요?

일본의 전국시대는 1467년부터 시작되어 1615년에 막을 내린 일본의 최대 혼란기입니다. 지금으로써는 전혀 상상할 수 없을 정도로 전국 곳곳에서 크고 작은 싸움이 계속 벌어졌죠. 천황의 권위는 땅끝으로 떨어지고, 전국 곳곳에서는 영주들이 들고 일어나 서로 죽어라 싸웠습니다.

영주와 같이 높은 지위에 있던 사람도 언제 측근에게 배신당해 죽을지 알 수 없었습니다. 게다가 지위가 낮은 사람은 높은 지위에 있는 사람을 정치적으로 이용해 신분상승에 성공하는 일도 흔했고, 평범한 일본인들도 언제 전쟁에 끌려가 죽을지 알 수 없을 정도로 불안정한 상황이었습니다.

제가 미신은 불확실성에 대한 두려움과 공포로부터 생겨나는 것이라고 말씀을 드렸는데요. 일본 전국시대의 상황을 보니 미신이 생겨나기 딱 좋은 환경이죠? 당시 일본 사람들은 현실을 감당하기가 어려워 현실에는 존재하지 않는 많은 요괴담을 만들어 냈습니다.

일본은 혼란스러웠던
시기의 영향으로
요괴담이 유독 많습니다.

실제로 일본은 다른 나라에 비해 미신도 미신이지만 요괴담이 유독 많습니다. 각종 예술작품이나 애니메이션을 살펴봐도 유독 요괴들이 잘 등장하죠. 이누야샤, 도로로, 반요 야샤히메가 전국시대를 배경으로 하는 대표적인 요괴 애니메이션입니다. 그 외에 바케모노가타리, 소년 음양사, 이웃집 토토로, 센과 치히로의 행방불명에서도 모두 요괴가 등장합니다.

전 세계적으로 인기를 끌고 있는 일본 애니메이션의 주요 소재 중 하나인 요괴는 과거 전국시대 일본의 정치적 혼란과 전쟁으로 인한 죽음의 공포로 생겨난 것이었습니다. 별 생각 없이 즐겨봤던 일본 애니메이션에 이런 역사적인 비밀이 숨겨져 있었다니 신기하죠?

04

사람들의 성격유형,
정말 나눌 수 있는 거야?

MBTI 성격 유형

MBTI 성격 유형 검사가 어마어마한 인기를 끌고 있습니다. 특히 젊은 사람들 사이에서는 본인의 성격 유형을 모르면 서로 대화가 불가능할 정도죠. 연인과의 궁합을 볼 때에도 MBTI 성격 유형 검사를 하는 분도 있습니다. 그런데 MBTI 성격 유형 검사를 이렇게까지 믿어도 괜찮은 걸까요?

MBTI 성격 유형 검사로는 당신이 특정 상황에서 얼마나 행복해할지,
회사에서 얼마나 일을 잘할지, 결혼 생활이 얼마나 행복할지 예측할 수 없다.
- 아담 그랜트 (미국의 심리학자) -

한때 혈액형으로 사람의 성격 유형을 나누던 시절이 있습니다. O형은 침착하면서도 정신력이 강한 성격이고, AB형은 특이하면서도 개성 있는 성격이라는 식이었죠. 하지만 얼마 지나지 않아 혈액형이 성격과 관련이 있다는 건 아무런 과학적 근거가 없는 유사과학이라는 사실이 밝혀졌습니다. 덕분에 혈액형 성격설을 믿는 사람들은 이제 거의 없어졌지요. 그런데 사람들은 사라진 무언가를 다른 것으로 대체하기 마련입니다. 혈액형 성격설 대신에 각종 성격 유형 검사들이 인기를 끌기 시작했죠.

그중에서 인기가 가장 많은 성격 유형 검사가 바로 MBTI 성격 유형

검사입니다. 어찌나 인기가 높은지 MBTI 성격 유형 중 하나인 ENFP의 특징이 SNS에 올라오면 ENFP인 사람들이 좋아요를 누르며 공감하는 게 일상이 됐습니다. 게다가 같은 성격 유형의 사람들끼리 일상을 공유하는 커뮤니티도 많이 만들어졌죠. 이제 MBTI 성격 유형 검사는 하나의 문화로 자리 잡았다고 해도 과언이 아닙니다.

여러분은 MBTI 성격 유형 검사가 무엇인지 잘 알고 계시나요? MBTI는 마이어스-브릭스 유형 지표(Myers-Briggs Type Indicator)의 줄임말입니다. 심리학자 칼 융의 심리유형 이론을 바탕으로 미국의 심리학자인 마이어스와 브릭스가 만든 성격 유형 검사라고 해서 위와 같은 이름이 붙여졌지요.

MBTI 성격 유형 검사는 어떤 원리로 만들어진 걸까요? MBTI 성격 유형 검사는 사람들이 정보를 수집하고 판단을 내릴 때 개인이 선호하는 방법이 각자 다르다는 것에서 기반을 둡니다.

MBTI 성격 유형 검사는 4가지 분류기준에 의해 성격 유형이 나뉩니다.

ISTJ
세상의 소금형
ISFJ
임금 뒷편의 권력형
INFJ
예언자형
INTJ
과학자형
ISTP
백과사전형
ISFP
성인군자형
INFP
잔다르크형
INTP
아이디어 뱅크형
ESTP
수완 좋은 활동가형
ESFP
사교형
ENFP
스파크형
ENTP
발명가형
ESTJ
사업가형
ESFJ
친선도모형
ENFJ
언변능숙형
ENTJ
지도자형

MBTI 성격 유형 검사에서의 16가지 성격 유형은 다음과 같습니다.

각각의 성격 유형은 총 4개의 알파벳으로 이루어져 있습니다. 첫 번째 알파벳은 관심을 두고 있는 세계가 외부세계라면 외향형(E), 내부세계라면 내향형(I)으로 분류합니다. 두 번째 알파벳은 정보를 수집할 때 감각과 경험에 의존하면 사실형(S), 직관에 의존하면 직관형(N)으로 분류합니다. 세 번째 알파벳은 판단을 내릴 때 사람들과의 관계와 감정에 초점을 맞추는 감정형(F)과 원리원칙에 초점을 맞추는 사고형(T)으로 분류합니다. 마지막 네 번째 알파벳은 일을 할 때 조직적이고 체계적으로 하는 판단형(J)과 융통성 있게 즉흥적으로 하는 인식형(P)으로 분류합니다.

이렇게 4가지 항목이 각각 어디에 해당하는지를 조합하면 ISTJ, INTP, ENFJ 등과 같이 총 16가지의 성격 유형으로 나눌 수 있답니다. 브릭스와 마이어스는 이 16가지 성격 유형에 세상의 소금형, 지도자형, 스파크형과 같은 화려한(?) 이름을 붙였습니다. 각각의 성격 유형

은 특정한 장점이 있어서 성격 유형별로 어떤 분야에 특화되어 있는지 알 수 있지요. 그래서 기업들이 인재를 채용하거나 학생들이 진로를 파악할 때 많이들 진행하는 검사이기도 합니다.

요즘은 굳이 기업의 인재 채용이나 진로 파악 목적이 아니더라도 그냥 재미로 많이들 하는 것 같습니다. 인터넷을 조금만 뒤져봐도 MBTI 성격 유형 검사를 받아볼 수 있는 사이트를 금방 찾을 수 있거든요. 덕분에 이제는 MBTI 성격 유형 검사에 대해 모르는 사람들을 더 찾기 힘들 정도가 되었습니다. 소위 말하는 인싸(...)가 되려면 MBTI 성격 유형 검사를 꼭 받아봐야 할 정도지요. 불과 몇십 년 전만 해도 MBTI 성격 유형 검사에 대해서 아는 사람들이 거의 없었다는 걸 생각하면 놀랍다고 할 수 있죠.

그렇다면 MBTI 성격 유형 검사가 왜 이렇게까지 인기가 많은 걸까요? 아마 남들과는 다른 본인만의 개성과 특징을 확인시켜주기 때문이 아닐까 싶습니다. 타인과 나 자신을 서로 다른 특별한 존재로 구분해 주면서도 특정한 유형에 소속되어 사회 안에서 정체성을 갖추게 되는 거지요.

사람들은 한때 이런 욕구를 해소하기 위해 혈액형 성격설에 의존했었는데요. 혈액형 성격설이 유사과학이라는 사실이 널리 알려졌으니 혈액형 성격설보다 훨씬 근거 있어(?) 보이는 MBTI 성격 유형 검사에 관심을 가지기 시작한 거라고 보면 될 듯합니다. MBTI 성격 유형별로 어느 정도 유의미한 상관관계를 보이는 건 사실이거든요.

그럼 MBTI 성격 유형 검사는 얼마나 신뢰도 있는 검사일까요? 요즘 MBTI 성격 유형 검사에 대한 사람들의 생각을 살펴보면 대부분 절대적으로 신뢰하고 있는 것 같은데요. 아쉽게도 현대 심리학에서는 MBTI 성격 유형 검사를 전혀 인정하지 않습니다.

평소에 MBTI에 크나큰 관심을 가지는 독자분들에게 청천벽력 같은 소식일 것입니다. 도대체 왜일까요? 몇 가지 이유가 있는데요. 가장 큰 이유는 MBTI 성격 유형 검사가 실험이나 과학적 근거에 의해 만들어진 게 아니기 때문입니다. 단순히 통계적으로 사람들을 16가지로 분류하고 각각의 대표적인 특성을 기술한 것에 불과합니다. 애초에 근거도 없고 그냥 통계로 만들어진 거니까 과학자들이나 심리학자들은 MBTI 성격 유형 검사가 틀렸다고 반박조차 할 수 없습니다. 반박할 근거가 있어야 반박을 하죠(...).

마이어스와 브릭스는 심리학을
공부한 학자들이 아니었습니다.

이런 문제가 생긴 이유는 MBTI 성격 유형 검사가 만들어졌을 때가 심리학이 과학의 범주에 포함되기 이전이었기 때문입니다. 심지어 MBTI 성격 유형 검사를 만든 마이어스와 브릭스도 정식으로 심리학을 공부했던 학자가 아니었습니다(!). 그냥 검사를 만들기 위한 기법과 각종 통계 분석 기술을 배워서 칼 융의 심리유형 이론을 바탕으로 성격 유형 검사를 만들었을 뿐이지요.

하지만 마이어스가 브릭스가 전문가가 아니라는 것은 사실 문제가 되지 않습니다. MBTI 성격 유형 검사의 가장 큰 문제는 성격 유형이 외향성 또는 내향성, 감정형 또는 사고형처럼 2가지 중 하나로만 결정된다는 겁니다. 예를 들어서 MBTI 성격 유형 검사에서는 판단을 내릴 때 사람들과의 관계와 감정에 초점을 맞추는 사람을 감정형(F)으로 분류하고, 원리원칙에 초점을 맞추는 사고형(T)으로 분류합니다.

하지만 사람의 성격을 감정형과 사고형 둘 중 하나로만 단정짓는 게 과연 옳을까요? 감정형의 비중이 좀 더 크지만 적절히 사고형인 사람도 있을 거고, 감정형도 아니고 사고형도 아닌 중간 정도의 사람도 있을 텐데 검사 결과는 무조건 둘 중에 하나뿐입니다.

실제로 사람의 성격은 경계선을 나누기가 곤란할 정도로 연속적인 패턴을 보입니다. 모든 사람들은 감정적이면서도 한편으로는 원리원칙적이죠. 독자분들도 무언가 판단을 내릴 때 감정적으로 판단한 적도 있고, 원리원칙적으로 판단한 적도 있을 것입니다. 이처럼 사람의 특성은 절대로 깔끔하게 둘로 나누어질 수 없습니다. 완전히 감정형이거나 완전히 사고형인 사람이 있다면 절대로 정상적인 사람이 아닐 겁니다(...).

이런 이유로 사람의 성격 유형을 나누는 것은 불가능합니다. 막상 나누자니 어디를 경계선으로 둬야 할지, 경계선을 몇 개를 만들어야 할지 결정하기가 어렵고, 여차저차해서 경계선을 만들었더라도 경계선에 있거나 근접한 사람은 어떻게 또 따로 분류해야 할지 애매한 거지요. 사람은 너무나도 복잡한 사고와 감정을 가지고 있기에 어쩔 수 없답니다.

그래서 현대 심리학자들은 사람의 성격을 유형별로 나누는 것에 큰 한계가 있다고 지적하고 있습니다. 실제로 상담사들이나 정신의학자들이 심리상담을 할 때도 환자의 성격 유형을 파악하는 경우는 절대 없습니다. 심리상담을 할 때는 환자의 상황이나 상태를 파악하는 게 우선입니다. 독자분들도 심리상담을 받을 때 성격 유형 검사를 한다는 얘기는 못 들어보셨지요(...)?

MBTI 성격 유형 검사의 또 다른 문제는 검사가 자기 자신에 대해 답변을 작성하는 방식으로 이뤄진다는 겁니다. 이게 문제가 되는 이유는 다른 사람이 생각하는 자신의 모습이랑 스스로가 생각하는 자신의 모습이 다를 수 있기 때문입니다. 스스로를 내향적인 사람이라고 생각하고 검사지에 본인이 내향적이라고 적고 나서 내향형이라는 검사 결과를 얻었는데, 정작 주변 사람들은 외향적인 사람이라고 생각한다면 정확한 검사결과를 알 수 없겠죠. 어디 그뿐일까요? 내향적인 사람이 외향적인 성격을 이상향이라고 생각하고 검사지에 본인의 성격을 거짓으로 적을 가능성도 무시할 수 없습니다.

나 자신을 잘 알고 있고 검사지에도 정직하게 적는다면 괜찮지 않냐고요? 이래도 문제가 발생하는 건 마찬가지입니다. 검사를 받을 때의 상황이나 기분에 따라서 답변이 달라질 수도 있거든요. 실제로 검사를 받은 뒤 몇 주 후에 다시 검사를 받으면 결과가 바뀌는 경우가 너무 많다고 합니다. 특히 인터넷에서 간단하게 진행하는 검사는 검사지가 워낙 부실해서 더욱 부정확하게 나오기 쉽답니다.

그렇다고 해서 MBTI 성격 유형 검사가 혈액형 성격설처럼 유사과학으로 분류되는 건 아닙니다. 유사과학은 과학적인 근거가 없음에도 진짜 과학처럼 그럴싸해 보이는 지식을 말합니다. MBTI 성격 유형 검사가 유사과학이 되려면 사람들에게 과학적이라고 여겨져야 하는데요. MBTI 성격 유형 검사를 진행하는 각종 업체나 단체들은 MBTI가 과

학적이라는 언급을 하지 않습니다. 만약 MBTI 성격 유형 검사를 하는 업체들이 수많은 실험과 과학적 근거로 만들어진 거라고 사람들에게 사기를 친다면(...) 유사과학이라고 할 수 있지만, 다행히도 그렇지는 않답니다.

하지만 지금 유사과학이 아니라고 해서 언제까지나 계속 유사과학이 아닐 것이라고 단정 지을 수는 없습니다. 사람들이 MBTI에 너무 푹 빠진 나머지 MBTI를 무조건 신뢰하고 심지어는 과학적 근거도 있는 검사라고 잘못 여기게 된다면 나중에 유사과학이 될수도 있으니까요. 꽤 오래 계속되고 있는 MBTI 열풍을 생각하면 다소 우려되기도 합니다. MBTI가 과학적인 검사라고 잘못 알고 있는 사람들도 적지 않고 말이죠.

실제로 MBTI에 너무 몰입한 나머지 MBTI 성격 유형 검사 결과만 보고 '나는 이런 사람이다'라고 결론지어 버리는 분들이 많은 듯합니다. 간혹가다 자기도 모르게 MBTI 성격 유형 결과에 자기를 맞춰서 살아가고 있었다는 사람들도 있고요. 미래의 인생계획을 세우는 데 사용했다는 사람들도 있습니다.

심하면 연인 간의 궁합이나 다른 사람에 대한 평가도 MBTI 성격 유형만으로 판단해버리는 분도 계십니다. 나랑 궁합이 좋지 않은 성격 유형을 가진 사람은 무조건 거리를 두는 식으로 말이죠. 이렇게 MBTI 성격 유형만으로 사람을 너무 단편적으로 보고 판단해버리는 건 분명 문제입니다. 그것도 과학적이지 않은 검사로 말이에요.

여러분의 진짜 성격을 과학적으로 파악해보고 싶다면 과학적인 검사가 여럿 있으니 차라리 이런 검사를 받아보는 것이 좋습니다. 특히 Big5 검사는 전 세계 심리학자들에게 엄청난 신뢰를 받고 있답니다. 외향성 아니면 내향성과 같은 식으로 단순화해버린 MBTI와는 달리 다양한 성격 요인을 고려하는 검사거든요.

물론 Big5 검사도 완벽하기만 한 검사는 아닙니다. Big5 검사의 문제점은 성격 유형을 나누지 않고 그냥 수치만 나오는 검사라서 MBTI 성격 유형 검사보다 훨씬 흥미(...)가 떨어진다는 겁니다. 어쩌면 Big5 검사가 높은 신뢰도에도 불구하고 그토록 인지도가 떨어지는 이유는 성격 유형을 나누지 않기 때문일 겁니다. MBTI는 사람의 성격 유형을 나눠서 유형별 특징을 명쾌하고 유쾌하게 설명해주지만 Big5는 그러지 못하니까요.

아무래도 성격 유형을 정말로 나누는 게 가능하냐, 불가능하냐랑은

이게 뭐야.....?
이 수치를 어떻게 보라는 거지?
MBTI보다
재미 없다...

별개로 사람들은 성격 유형을 나누는 것을 훨씬 더 선호하는 듯합니다. 사람은 타인과 나 자신을 서로 다른 존재로 구분하면서도 어딘가에 소속되고자 하는 존재이기에 어쩔 수 없는 거 같아요.

그렇다면 우리는 MBTI 성격 유형 검사를 어떻게 바라보아야 할까요? 부담 없이 가볍게 자기 자신에 대해 알아보기에 딱 좋은 검사 정도로만 생각하면 좋을 것 같습니다. 그렇게까지 맹신하지는 말고, 대강 파악한다는 느낌으로 검사 결과를 고찰한다면 충분히 도움이 될 것입니다.

MBTI 성격 유형 검사를 맹신하는 분들께 드리고 싶은 말이 있습니다. 사람은 16가지 유형만으로 나뉠 만큼 단순한 존재가 아닙니다. 이 사실을 잘 명심하고 자기 자신의 성격이나 진로를 한정 지어 버리거나 다른 사람의 성격을 MBTI 성격 유형 검사만으로 섣불리 판단하지만 않는다면 적당히 즐겼다고 할 수 있을 것입니다.

그리고 우리가 어떤 성격을 가지고 있느냐는 삶을 살아가는 데 있어서 그리 중요하지 않다는 사실도 꼭 기억해 두셨으면 좋겠습니다. 성격이 어떻든지 간에 일단 정신 상태를 건강하게 유지하고 올바른 가치관을 가지고 있는 게 더 중요하거든요. 정신 건강이 좋지 않고 잘못된 가치관을 갖추고 있으면 성격은 아무 의미가 없을 것입니다.

우리는 개개인의 다양성이 모두 존중받아야 할 현대 사회를 살아가는 사람들입니다. 그렇다면 사람을 유형화해 서로를 구분 짓는 것은 어쩌면 그리 좋은 방법이 아닐 수 있습니다. 사람 한 명 한 명의 성격을 모두 고유의 것으로 인정하는 게 더 올바르죠. 전 세계의 인구가 70억 명이니 성격 유형도 70억 개가 있다는 식으로 말이에요.

과학의 절망편 : 바넘효과로 알아보는 MBTI

사람들은 왜 그토록 성격 유형 검사를 좋아하고 신뢰하는 걸까요? 이러한 현상을 설명하는 심리학 이론이 있습니다. 바로 미국의 심리학자 버트넘 포러가 주장한 '바넘효과'입니다.

바넘효과란 많은 사람들에게 충분히 적용될 수 있는 막연한 성격 묘사를 자기만이 가지고 있는 독창적인 특성으로 여기는 경향을 말합니다. 예를 들어, '다른 사람들이 하는 말이 쉽게 상처받는' 성격이나 '현실적이지만 때로는 비현실적인 상상을 하곤 하는' 성격은 누구에게나 해당할 수 있는 말입니다. 하지만 사람들은 대부분 이런 말을 듣고서 '어떻게 알았지?'라며 감탄하죠.

점을 보러 갔을 때도 바넘효과를 적용할 수 있답니다. 점쟁이가 독자 여러분이 놓인 상황을 정확히 맞출 때가 있었을 겁니다. 사람들은 점쟁이가 용하다며 칭찬하지만, 알고 보면 점쟁이가 맞춘 상황은 걱정이 있는 사람들에게 모두 해당할 수 있는 이야기입니다(...). 하지만 점쟁이의 말을 들은 사람들은 이런 이야기가 오직 자기 자신한테만 해당하는 것으로 착각합니다.

MBTI 성격 유형 검사도 마찬가지입니다. '내면이 섬세하다'거나, '자기비판과 고민이 많다'거나, '가끔은 혼자 있는 것을 선호한다'거나, '무뚝뚝하지만 알고 보면 친절하고 부드럽다'는 식의 성격 묘사들이 주를

바넘 효과는 미국의 정치인이자
사기꾼(!)인 피니어스 바넘으로부터
유래한 이름입니다.

이루기 때문이죠.

MBTI 성격 유형 검사에서 말하는 이러한 성격 묘사들은 얼핏 보기에는 특별하고 구체적인 것 같지만, 알고 보면 누구에게나 적용될 수 있는 보편적인 성격입니다. 그런데 MBTI 성격 유형 검사를 마친 사람들은 대부분 '이거 완전 나다!'라면서 MBTI 성격 유형 검사를 전적으로 신뢰하게 되지요.

MBTI 성격 유형 검사를 전적으로 믿는 분들은 한 번 곰곰이 생각해 보셨으면 좋겠습니다. MBTI 성격 유형 검사가 알려준 여러분만의 개성 있는 성격이 알고 보니 다른 분들에게도 해당하는 것은 아닌지 말이에요.

05

기계로 사람의 거짓말을 알아내는 것이 가능할까?

거짓말탐지기

한국어에는 거짓말과 관련된 표현들이 참 많습니다. 거짓말을 의미하는 단어만 해도 구라, 뻥, 야부리 등 무수히 많죠. 그만큼 우리의 일상이 거짓말로 가득하다는 의미 같습니다. 다른 사람들의 거짓말을 얼마든지 탐지할 수만 있다면 사는 게 얼마나 편해질까요? 거짓말탐지기가 사람들의 이러한 생각을 실현한 장치랍니다.

거짓말로 땅 끝까지라도 갈 수 있으나 다시 돌아오지는 못한다.
거짓말은 말한 사람의 눈빛을 비천하게 만든다.
- 안톤 체호프 (러시아의 소설가) -

사람들은 태어난 이후 지적능력이 꾸준히 발달하면서 나 이외의 다른 사람이 어떤 생각을 할지 추측할 수 있게 됩니다. 그리고 내가 알고 있는 진실을 다른 사람은 모를 수도 있다는 사실을 깨닫습니다. 아이들은 이때부터 어른들에게 거짓말을 할 수 있게 되지요. 이때가 약 4살쯤 될 겁니다. 어른들은 마냥 순수해만 보이는 4살배기 어린아이들의 거짓말에 홀라당 넘어가는 일이 부지기수입니다. 물론 어른들에게 거짓말을 들키면 크게 혼나지만요(...).

아이는 성장하면 할수록 거짓말을 하는 횟수가 점점 늘어납니다. 무려 10살까지 말이죠. 그리고 10살이 넘으면 교육을 받으면서 빠르게

거짓말은 사람이라면 누구든지 하는 자연스러운 현상입니다.

감소한답니다. 그러므로 거짓말은 인간이 지능을 가지게 되면서 어쩔 수 없이 생긴 본성으로도 볼 수 있죠. 일부 심리학자들은 어린이의 거짓말을 지능의 발달과 학습의 과정으로 보기도 한답니다.

거짓말을 하는 건 어른들도 마찬가지입니다. 심리학자 폴 에크만에 따르면 사람들은 평균적으로 8분에 한 번꼴로 거짓말을 하고(!) 하루에 약 200번의 거짓말을 한다고 합니다. 미처 인지하지도 못한 채 말이죠. 이 책을 읽고 있는 독자 여러분도 하루에 몇 번 이상 거짓말을 하면서 일상을 보내고 있다는 거지요. 부모님께, 자녀한테, 선생님께, 직장 상사한테 말이에요.

물론 우리가 하는 거짓말의 상당수는 나쁜 의도로 한 거짓말은 아닙니다. 대부분 좋지 않은 상황을 넘어가기 위해서 또는 상대방을 위로하기 위해서 거짓말을 많이 합니다. 예를 들어서 친구랑 크게 한바탕 싸운 후에 미안하다고 사과하는 것도 거짓말입니다. 아무래도 싸운 직후에 바로 화가 풀리기는 어렵죠. 이때 하는 사과는 진심이 아닐 가능성이 높습니다(...). 하지만 화난 순간 거짓말로라도 사과하면 무의미한 싸움을 끝낼 수 있습니다. 그리고 시간이 지나서 정말로 화가 풀리면 진심으로 화해할 기회를 마련하게 되지요.

이러한 사례들을 보면 거짓말을 무조건 나쁜 것으로만 단정 짓기는 어렵습니다. 아마 모든 인류가 거짓말을 하지 않게 된다면 우리가 일상을 살아가기란 더욱 어려워질 겁니다(...).

문제는 흉악한 짓을 저지른 범죄자들입니다. 범죄자들은 나중에 처벌받을 게 두려워서 자기가 지금까지 저지른 짓들을 모두 부인하거나 거짓말을 하기 마련입니다. 지금이야 과학수사가 발달해서 누가 범죄자이고 누가 범죄자가 아닌지 밝혀낼 수 있는데요. 불과 몇 년 전만 해도 그렇지 못해서 범죄자를 찾기가 쉽지 않았습니다. 그래서 인류에게는 아주 오래전부터 거짓말을 하는 사람과 거짓말을 밝혀내려는 사람들 간의 줄타기가 계속됐지요.

실제로 인도에는 거짓말을 하는 범죄자를 구분하는 방법이 적힌 기록이 남아 있습니다. 이 기록은 자그마치 3000년 전에 만들어졌다고 하는데요. 기록에 따르면 대답을 회피하거나 얼굴색이 변하고 머리를 만지작거리고 다른 장소로 몸을 피하려는 사람이라면 거짓말을 하는 사람으로 판단했다고 합니다.

중국에서는 쌀가루를 씹고 다시 뱉게 해서 쌀가루가 말라 있으면 거짓말을 한 것으로 간주했습니다(?). 황당하지만 나름 과학적인 근거가 있는데요. 사람이 거짓말을 하면 순간적으로 침의 분비량이 줄어드는

원리를 이용한 것입니다. 우리나라의 속담 중에서도 입에 침이나 바르고 거짓말하라는 말도 있는 걸 보면 꽤 오랫동안 사용한 방법인 것으로 추정되고 있습니다.

하지만 사실 이런 방법들은 한계가 있답니다. 오직 눈으로만 보고 판단하는 거라서 틀릴 수 있거든요. 아무 죄도 없는 사람을 잡아다가 대답을 회피한다거나 입에 침이 말랐다는 이유만으로 범죄자로 뒤집어씌우기도 좋고요(…).

그래도 한 가지 확실한 건 사람이 거짓말을 하면 신체에 변화가 온다는 겁니다. 아무리 훌륭한 연기로 거짓말을 하더라도 몸은 거짓말을 하지 않죠. 거짓말은 뇌가 거짓된 내용을 창조하는 활동입니다. 그래서 거짓말을 하면 뇌가 평소보다 더욱 분주하게 움직이고 소모하는 에너지의 양도 많아집니다. 그리고 호흡과 심장 박동이 증가하고 눈의 동공이 커지기도 하지요.

이런 신체적인 반응을 분석할 수 있는 기계가 만들어진다면 사람들이 하는 거짓말을 구분할 수 있지 않을까 하는 생각이 드는데요. 실제로 이미 있습니다. 바로 거짓말탐지기입니다. 드라마나 영화에 여러 번 등장했기에 꽤 많은 독자분들이 거짓말탐지기의 존재를 알고 계실 것 같습니다.

거짓말탐지기란 사람이 거짓말을 하면서 나타나는 신체적인 반응들을 그래프 파형이나 컴퓨터 그래픽으로 표시해 주는 측정 기계입니다. 거짓말을 하는 사람은 진실을 말하는 사람보다 말할 때 더 흥분하기 때문에 가능한 일입니다.

일반적으로 사람은 거짓말을 할 때 거짓말이 들킬지도 모른다는 불안감과 처벌을 받을지도 모른다는 두려움이 생깁니다. 그래서 호흡이나 혈압, 맥박 등에 변화가 일어나지요. 거짓말탐지기는 이런 변화들을 하나하나 섬세하게 감지해서 그래프 파형이나 컴퓨터 그래픽으로

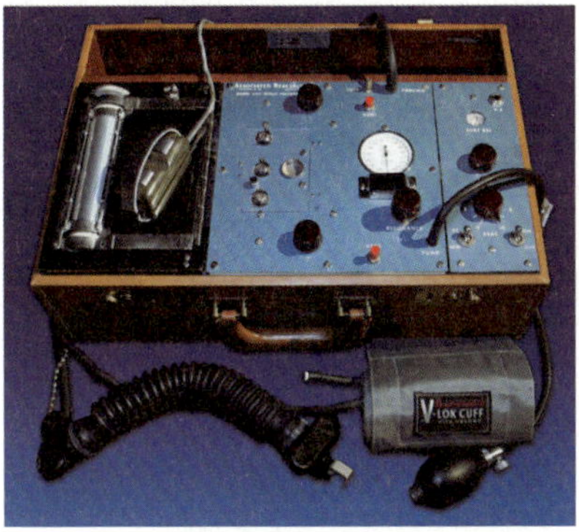

거짓말탐지기는 사람에게서 발생하는
신체변화로 거짓말을 탐지합니다.

기록해 준답니다.

어떻게 기록하냐고요? 일단 용의자의 몸에 센서를 부착하는 게 우선입니다. 가슴에 공기가 들어있는 튜브를 감아주면 호흡할 때 가슴 부위의 변화가 감지되므로 호흡량이 측정 가능합니다. 혈압대를 팔에 감아주면 맥박이 측정됩니다. 손가락에도 전극을 부착하면 손가락에 땀이 얼마나 분비되는지 알 수 있지요. 거짓말탐지기마다 조금씩 다르지만 대체로 몸에 총 4개의 센서가 부착되는 것으로 알려져 있습니다. 센서를 통해 측정된 데이터들을 검사관이 보고 분석하면서 거짓말을 했는지 진실을 말했는지 구분해 냅니다.

그리고 검사관들은 용의자의 거짓말을 더욱 확실하게 확인할 수 있도록 교묘한 질문을 하기도 합니다. 일부러 범죄와 관련이 전혀 없는 질문을 몇 번 해서 범죄와 관련된 질문을 했을 때의 신체적인 반응을 비교해보기도 하죠. 예를 들어서 범죄와 관련이 전혀 없는 질문을 받았을 때는 신체적인 반응에 변화가 없지만, 범죄와 관련된 질문을 했을 때 신체적인 반응에 변화가 온다면 거짓말을 했다고 충분히 의심할 수 있겠죠.

그런데 거짓말탐지기는 만능이라고 하기엔 어렵습니다. 거짓말탐지기는 거짓말 자체를 탐지하는 기계라기보다는 거짓말의 결과로 나타나는 각종 신체적인 반응들을 탐지하는 기계입니다. 이름만 거짓말탐지기지 사실상 '거짓말을 할 때 나타나는 신체적 반응 탐지기'인 거죠

(...). 그래서 신체적인 반응이 매우 둔감한 사람이나 정신질환을 앓고 있는 사람이라면 거짓말탐지기가 제 기능을 못 할 수 있습니다.

이런 대표적인 유형 중 하나가 바로 공상허언증(...)을 앓고 있는 사람입니다. 공상허언증 환자는 본인이 하는 거짓말을 진실이라고 굳게 믿고 있어서 거짓말을 해도 신체적인 반응이 달라지지 않거든요. 그리고 범죄자들의 상당수를 차지하는 사이코패스도 거짓말을 할 때 죄책감이나 불안감을 전혀 느끼지 않아서 신체적인 반응에 거의 변화가 없다고 알려져 있습니다.

이뿐만이 아닙니다. 신체적인 문제나 정신질환이 없더라도 거짓말탐지기가 제 기능을 못 할 수도 있거든요. 예를 들어서 회사의 직원 한 명이 공금횡령 용의자로 몰려서 거짓말탐지기를 부착했다고 가정해 봅시다. 이 직원은 실제로 공금횡령을 하지 않았습니다. 그런데 거짓말탐지기 결과가 잘못 나오면 누명을 쓸 수 있습니다. 심하면 회사에

거짓말탐지기의 정확도는 고작
90%에 불과하답니다.

서 쫓겨나고(...) 사람들의 비난을 받을 수도 있죠.

그러므로 이 직원은 거짓말탐지기로 검사를 받을 때 엄청난 불안감에 휩싸일 겁니다. 가뜩이나 취업난이 심각한데 얼마나 두렵고 불안할까요? 어쩌면 직원의 불안감과 두려움을 거짓말탐지기가 잘못 판단해서 거짓말을 한다고 결론지을 가능성도 없진 않습니다.

이처럼 거짓말탐지기의 가장 큰 문제는 거짓말로 인한 신체적인 반응과 그 이외의 원인으로 인한 신체적인 반응을 잘 구분하지 못한다는 겁니다. 이런 이유로 전문가들은 거짓말탐지기의 정확도를 약 90%로 보고 있답니다. 10명 중에서 1명에게는 잘못된 결과가 나오는 거니까 정확도가 높다고 하기는 어렵죠. 거짓말탐지기가 10명 중에서 1명꼴로 범죄자인데도 범죄자가 아니라고 할 수 있고, 범죄자가 아닌데도 범죄자라고 할 수 있다는 거니까요.

그래서 거짓말탐지기는 실제 현장에서 용의자가 정말 거짓말을 했는지 알아내기 위한 용도로는 전혀 사용하지 않습니다. 법정에서 증거자료로 사용될 수도 없습니다. 대신 용의자에게 자백을 받아내는 도구로 사용할 수는 있답니다. 계속 거짓말을 하던 범죄자가 거짓말탐지기 결과를 보고 체념해서 순순히 자백할 수도 있거든요(!). 실제로 거짓말탐지기 조사는 범죄자에게 엄청난 심리적 압박으로 다가오기 때문에 거짓말탐지기 조사 이후 자백을 하는 사례들이 꽤 많습니다. 이 정도면 정확도는 떨어져도 충분히 사용할 가치가 있지요.

최근 들어서도 거짓말탐지기가 꾸준히 발전하고 있답니다. 굳이 정확도가 높지 않더라도 사용 방법이 편리해지면 더 많은 데서 사용할 수 있거든요. 아무래도 기존의 거짓말탐지기는 몸에 센서를 붙이고 그래프 파형과 컴퓨터 그래픽 등을 분석하는 복잡한 절차가 필요해서 말입니다. 별도의 절차 없이 바로 거짓말을 탐지할 수 있다면 참 편할 것 같다는 생각이 드는데요. 음성인식 장치와 안구운동 추적장치, 적외선카메라 등을 이용한 거짓말탐지기가 그러한 노력의 일환으로 만들어

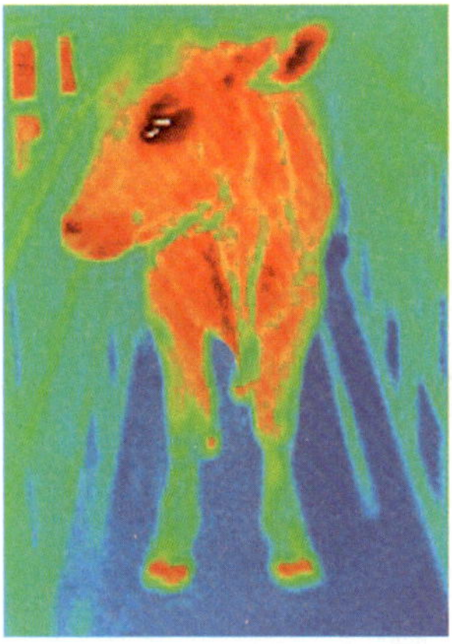

적외선카메라를 이용하면
몸에서 발생하는 열을 감지할 수있습니다.

지금 거짓말 하고 있어!
야!! 빨리 조직 팽창시켜!!
혈압 순조롭게
상승중!

진 것들이랍니다.

여기서 가장 주목을 많이 받는 거짓말탐지기를 하나 꼽자면 바로 적외선카메라를 이용한 것입니다. 세계적인 과학 학술지인 〈네이처〉에도 소개되었을 정도지요. 사용법은 간단합니다. 적외선카메라로 얼굴의 열을 감지하면 됩니다.

최근에 밝혀진 연구결과에 따르면 거짓말을 하면 코와 그 주변의 온도가 높아진다고 합니다. 거짓말을 하면 카테콜아민이라는 호르몬이 분비되기 때문이죠. 카테콜아민이 코 속 조직을 팽창시키고 혈압을 올려서 코의 온도가 높아지거든요. 증상이 심한 사람은 거짓말을 하다가 코가 갑자기 간지러워져서 긁기도 한답니다. 비록 거짓말을 하면서 생겨나는 코의 온도 변화는 아주 적은 수준이지만 적외선카메라는 충분히 이를 감지할 수 있습니다.

적외선카메라를 이용한 거짓말탐지기의 장점은 바로 사용 방법이 간단하다는 겁니다. 기존의 거짓말탐지기는 몸에 센서를 부착해야 해서 사용하기가 번거로운데요. 적외선카메라를 이용한 거짓말탐지기는 그냥 적외선카메라를 용의자에게 가져다 대면 끝입니다. 굳이 부담스럽게 얼굴 가까이(...) 가져다 댈 필요도 없습니다. 용의자와 어느 정도 거리가 있어도 적외선카메라가 충분히 감지할 수 있거든요.

덕분에 적외선카메라를 이용한 거짓말탐지기는 기존의 거짓말탐지기보다 더 다양한 용도로 사용할 수 있답니다. 예를 들어 공항에서 소지품 검사를 할 때 소지하면 안 되는 물건을 소지하고 있는지 물어보면서 거짓말을 하는지 확인하는 식이지요. 사용 방법이 이렇게나 간단한데도 정확도는 상당히 높답니다. 약 80~90% 정도 된다고 하는데요. 기존의 거짓말탐지기와 거의 맞먹지요.

하지만 거짓말탐지기가 꾸준히 발전해도 100%에 육박하는 정확도로 거짓말을 탐지하는 건 쉽지 않을 것으로 보입니다. 정확도가 100%에 육박하려면 마치 공상과학영화처럼 사람의 머릿속을 파고들어(?) 거짓말 자체를 잡아낼 수 있어야 합니다. 기존의 거짓말탐지기로는 턱도 없고, 현재 과학기술 수준으로는 사실상 불가능합니다.

과학자들도 이 사실을 잘 아는지, 현재 거짓말탐지기의 발전은 정확도를 높이기보다는 편리함을 높이는 방향으로 이루어지고 있답니다. 그리고 거짓말탐지기의 정확도를 보완할 만한 다양한 과학수사 기술도 꾸준히 발전하고 있죠.

특히 과학수사에 가장 많이 사용되는 지문이나 DNA는 거짓말탐지기와는 비교할 수 없을 정도로 정확도가 높습니다. 실제 범죄 현장에서도 거짓말탐지기는 그냥 보조 역할일 뿐이고 결정적인 증거는 지문이나 DNA로 발견하죠. 아마 거짓말탐지기는 지문과 DNA의 정확도를 따라가기가 쉽지 않을 겁니다. 드라마나 영화를 보면 거짓말탐지기의 정확도가 매우 높은 것처럼 표현되곤 하는데 실제 현실에서는 그렇게까지 대단한 녀석은 아닌 거지요(...).

물론 거짓말탐지기의 사용가치가 떨어진다는 건 아닙니다. 거짓말탐지기만으로 범죄 누명을 쓴 사람들이 누명을 벗거나 범죄자의 자백을 받아내는 일이 워낙 많아서 말이죠(...). 특히 교통사고처럼 가벼운 범죄는 거짓말탐지기만으로 문제가 해결되는 경우가 많다고 합니다. 최근에는 테러 위험이 있는 나라의 공항에서 거짓말탐지기를 도입해서 테러범들의 입국을 방지하는 추세이기도 하지요. 아마 거짓말탐지기는 낮은 정확도에도 불구하고 앞으로 계속 우리 곁에 있을 겁니다. 점점 편리해지는 형태로, 더욱 다양한 용도로 말이죠.

과학의 희망편 : fMRI 거짓말탐지기

기능성 자기공명영상장치(fMRI)를 아시나요? 사람의 뇌는 특정 부위를 사용했을 때 그 부위에 더 많은 혈액이 공급되는 특성이 있습니다. 혈액을 통해 산소를 공급받아야 뇌가 원활하게 기능할 수 있거든요. 그러므로 혈액에 의해 산소가 활발하게 공급되는 부위를 알아내면 뇌가 활성화되는 부위를 알아낼 수 있을 것입니다.

기능성 자기공명영상장치는 혈액 속에 있는 헤모글로빈을 이용해 뇌가 활성화되는 부위를 알아내는 장치입니다. 헤모글로빈은 뇌의 특정 부위에 산소를 전달하는 과정에서 화학적 구조가 변화하는데요. 기능성 자기공명영상장치가 헤모글로빈의 화학적 구조 변화가 활발하게 일어나는 위치를 찾아내서 뇌의 활성화된 부위를 찾아내죠.

그렇다면 이 기능성 자기공명영상장치를 이용해서 거짓말을 탐지할 수 있다면 어떨까요? 아마 거짓말을 할 때의 뇌 활동 패턴과 거짓말을 하지 않을 때의 뇌 활동 패턴의 차이를 기능성 자기공명영상장치를 이용해 분석하면 거짓말을 탐지할 수도 있을 것 같은데요. 이에 착안해 만들어진 장치가 바로 'fMRI 거짓말탐지기'입니다. fMRI 거짓말탐지기의 정확도는 기존의 거짓말탐지기보다 약 24% 높지요. 전전두피질이나 전전두엽피질의 활성화 여부를 통해 거짓말을 탐지할 수 있다고 합니다.

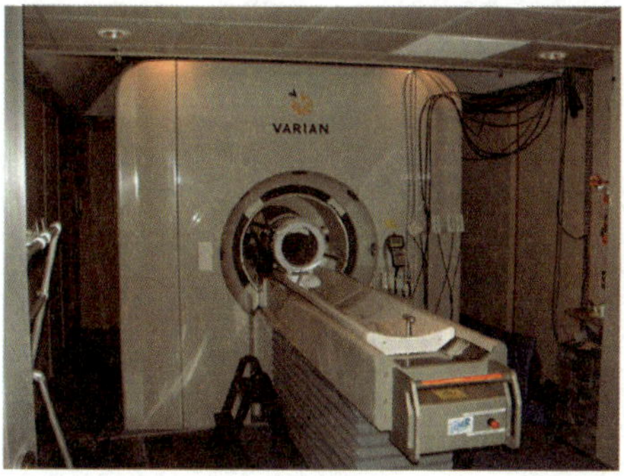

기능성 자기공명장치(fMRI)로도
거짓말을 탐지할 수 있답니다.

언뜻 보면 fMRI 거짓말탐지기가 기존 거짓말탐지기의 한계를 극복할 신기술로 보이는데요. 꼭 그렇지는 않답니다. 거짓말을 하면서 손가락과 발가락을 꼼지락거리면 거짓말탐지기의 정확도가 30%대로 대폭 떨어졌거든요(...). 아마 뇌가 손가락과 발가락의 움직임에 집중했기 때문에 다른 결과가 나온 듯합니다. 또한, 뇌가 사실을 온전하게 기억하지 못했을 때는 거짓말을 탐지할 수가 없었다고 합니다. 우리 뇌는 있는 사실을 그대로 기억하지 못하고, 때로는 왜곡하기도 하기에 일어나는 현상입니다.

비록 fMRI 거짓말탐지기도 큰 성과를 거두지는 못하고 있지만, 이러한 연구들이 계속된다는 것은 뇌과학이 꾸준히 발달하고 있고, 사람의 뇌에서 일어나는 현상도 하나둘 알아가고 있다는 의미입니다. 앞으로도 꾸준히 거짓말을 밝히는 새로운 기술이 꾸준히 등장하고 정확도도 천천히 상승하겠죠? 물론 100% 정확도까지는 시기상조인 것 같지만요.

06

스트레스가 없어지면 정말 좋기만 할까?

스트레스

독자 여러분은 스트레스가 전혀 존재하지 않는 세상을 상상해본 적이 있나요? 너무 좋고 행복하기만 할 것만 같다고요? 과학자들의 생각은 좀 다른 것 같습니다. 스트레스가 없는 세상은 아무런 자극도, 흥미도, 놀라움도, 도전도 없고 지루함만 가득한 무미건조한 세상일 테니까요.

> **자신을 보호해줄 심리자원이 충분하다면 스트레스가 꼭 나쁜 것만은 아니다.**
> **감당할 수만 있다면 스트레스는 나를 성장시키는 에너지원이 되기도 한다.**
> **- 채정호의 〈퇴근 후 심리카페〉 중에서 -**

우리는 일상 속에서 많은 사람들과 대화를 나누면서 다양한 외래어를 사용합니다. 이 중 독보적으로 많이 사용하는 외래어 1위가 뭔지 아세요? 바로 '스트레스'입니다. "다음 주에 시험이 있어서 스트레스야!" 나 "스트레스를 너무 많이 받아서 일에 집중이 되지 않아.", "요즘 동생이 나한테 스트레스를 줘." 등등 우리는 스트레스라는 용어를 정말 많이 사용하죠.

아마 외래어가 아니라 가장 많이 사용하는 단어들의 순위를 매겨 봐도 스트레스는 충분히 순위권 안에 들고도 남을 겁니다. 저 또한 작가로서의 일과 대학원 공부 등으로 많은 스트레스를 받고 있고, 이 글을 읽는 여러분도 대학교 입시, 공부, 승진, 직장 내 갈등 등으로 많은 스트레스를 받고 계실 것입니다. 현대 사회를 살아가는 사람들은 많든 적든 스트레스를 받으며 살아가야 합니다. 스트레스를 전혀 받지 않고 살아가는 건 불가능하죠.

스트레스는 '만병의 근원'이라는 말도 있습니다. 스트레스는 초조함이나 불안감 등 정신건강에 미치는 영향이 크죠. 급격하게 스트레스가 찾아오면 심할 경우 자살로 이어지기도 합니다. 그 외에도 체중이 증가하거나 탈모, 심장병, 암 등에 걸리는 것도 스트레스와 깊은 관련이

있지요. 그래서 모든 현대인들에게 스트레스에 대한 인식은 굉장히 부정적입니다. 아마 스트레스를 받는 상황을 즐기는 사람은 절대로 없을 겁니다. 이런 이유로 우리는 때때로 스트레스가 없는 유토피아를 꿈꾸며 감상에 젖어 들기도 하지요(...).

그렇다면 한 번 상상의 나래를 펼쳐봅시다. 만약 우리가 스트레스가 전혀 없는 환경에 놓이게 되면 어떻게 될까요? 마냥 행복하기만 할 것 같다고요? 꼭 그렇지는 않습니다.

1950년대 캐나다 맥길대학교 심리학 연구소에서는 사람들에게 스트레스가 완전히 사라지면 어떻게 되는가에 대한 실험을 진행했던 적이 있습니다. 스트레스를 전혀 받지 않는 방법은 아무 일도 하지 않고, 공부도 전혀 하지 않고, 아무도 만나지 않는 건데요. 실험에 지원한 참가자들에게 아무것도 하지 않게 했지요(?).

연구소의 연구원들은 실험자들에게 스트레스 원인이 되는 감각과 자극을 모두 차단하기 위해 실험실의 침대에 눕히고, 반투명 고글을 쓰고, 팔을 원통에 넣고, 손에는 면장갑을 착용하게 했습니다. 그리고 머리를 넣을 수 있는 U자형 베개를 이용해서 소리조차도 듣지 못하게 했죠. 식사도 무료로 제공되었고 화장실도 본인이 가고 싶을 때 마음껏 갈 수 있었습니다. 대부분의 실험 참가자들은 이 실험이 너무 쉽다고 생각했습니다. 그냥 마음 편히 누워서 잠만 자면 되니까요. 게다가 실험에 참여하는 대가로 준 보수가 적지 않았기에(!) 모두 기쁜 마음으로 참여했답니다.

실험 첫날 참가자들은 모두 잠을 푹 잤습니다. 자극이 전혀 없는 환경이니까 스트레스 없이 편안하고 행복한 잠을 잘 수 있었겠지요. 그런데 행복감은 그리 오래 가지 않았습니다. 실험 참가자들이 하루도 채 지나지 않아서 지루함을 느끼기 시작했거든요.

시간이 흐르면 흐를수록 참가자들의 지루함은 견딜 수 없는 수준에 다다랐습니다. 일부 참가자들은 불안이나 환각 장애를 보이며 고통스러워하기도 했죠. 결국 참가자들은 대부분 하루 만에 실험실을 뛰쳐나왔고, 아무리 오래 견딘 참가자들도 3일을 넘기지 못했습니다(…). 쉽고 편한 실험인 줄 알았는데 심하면 환각 장애까지 유발하는 고통스러운 실험이었던 거지요.

이 실험에서 우리는 사람들에게 스트레스가 존재하는 이유가 뭔지를 짐작할 수 있습니다. 인간은 태어날 때부터 끊임없이 자극을 추구하는 존재입니다. 한 번도 가 본 적 없는 외국으로 떠나려는 것도, 새로운 운동이나 취미를 갖고 싶은 것도 모두 인간이 자극을 추구하며 살아간다는 증거죠. 그런데 새로운 장소를 찾아가거나 새로운 경험을 하면서 두려움이나 걱정 등이 생겨날 수밖에 없습니다. 스트레스는 바로 이러한 과정에서 발생하지요.

그래도 스트레스를 받으면서 외국 생활에 점차 익숙해지고, 처음에는 서툴렀던 운동과 취미도 잘 할 수 있게 됩니다. 두려움과 걱정이 현재의 좋지 않은 상황을 어떻게든 이겨내야 한다는 동기를 주거든요. 이처럼 스트레스는 우리의 몸이 환경의 급격한 변화에 적응하기 위한 생물학적 반응입니다. 스트레스를 너무 적게 경험하는 것은 스트레스를 심각하게 받는 것보다 더욱 해로울지도 모른다는 이유가 바로 여기에 있습니다.

특히 스트레스는 인간들이 지금과 같이 문명을 이루기 전에는 생존에 꼭 필요했습니다. 특히 원시시대는 지금과 달리 도처에 맹수의 위협이 항상 있었는데요. 만약 맹수와 마주치면 몸이 즉시 스트레스 상황에 놓여야 했습니다. 스트레스 상황에서는 소화 활동이 중단되고 심박수가 늘어나면서 에너지의 생성이 증가하는데요. 덕분에 평소보다 신체 능력과 민첩성이 높아지고, 고도의 집중력과 판단 능력을 발휘하는 게 가능해지기 때문이죠.

맹수 때문에 당장 죽게 생겼으니 위기 상황에서 벗어날 수 있도록 일

부 신체의 기능은 중단시키고, 생존에 필요한 신체의 기능은 더욱 활성화했다고 할 수 있습니다. 마찬가지로 먹잇감을 발견했을 때에도 스트레스 상황에 놓이면 먹잇감을 잡게 될 확률이 더욱 높아져서 풍족한 하루를 보낼 수 있었을 겁니다.

사실 이건 중요한 시험을 볼 때 바짝 긴장한 학생들의 모습과 거의 똑같습니다. 시험을 볼 때 적절한 스트레스를 받으며 시험을 본 학생들은 고도의 집중력과 판단 능력을 바탕으로 좋은 시험 결과를 얻곤 하지요. 스트레스 상황에서는 뇌에 평소보다 많은 에너지가 공급되기 때문에 벌어지는 현상입니다.

마찬가지로 중요한 시합을 앞둔 운동선수가 받는 스트레스도 그 순간은 힘든 시간이 될 수 있지만 높은 수준의 운동 능력을 계속 유지할 수 있게 도와주기 때문에 오히려 좋을 수 있습니다. 이런 이유로 맹수의 위협을 걱정할 필요가 없는 현대 사회에서도 스트레스는 여전히 필요합니다.

이렇게 변화하는 환경에 적절히 대응해서 삶이 더 나아질 수 있도록 돕는 스트레스를 유스트레스(Eustress)라고 합니다. 사실 우리가 일상 속에서 겪는 스트레스들은 대부분 유스트레스에 가까운데요. 스트레스에 대한 부정적인 인식 때문에 본인이 겪는 스트레스가 자신에게 도움이 된다는 걸 잘 알지 못하고 힘들어하는 경우가 많답니다.

스트레스가 현대 사회에서 얼마나 좋은지 알아볼까요? 대부분의 사람들이 겪어봤을 만한 좋은 점부터 말씀드리고 싶은데요. 일할 때나 공부를 할 때 스트레스가 생각보다 중요한 경우가 많습니다. 혹시 하는 일의 마감 시간이 다가왔거나 중요한 시험이 코앞일 때 스트레스를 엄청 많이 받기는 하지만 효율이 평상시보다 훨씬 좋다는 걸 느껴보신 적이 있나요? 이런 날만 오면 평소에는 지지부진하게 진행되었던 일이 갑자기 엄청 빠르게 진행됩니다.

일단 학생들은 평소에 머리로 잘 들어오지 않던(...) 지식이 갑자기 쏙쏙 들어오기 시작합니다. 공부에 대한 몰입도와 집중력도 최고 수준이죠. 시험이 끝나고 나면 '내가 시험 기간 때 어떻게 이렇게 공부를 많이 했지?'라는 생각이 들 정도입니다. 그래서 일부 학생들은 평소에 공부를 거의 하지 않다가 시험 기간만 찾아오면 벼락치기(!)를 적극적으로 활용해서 높은 성적을 받기도 합니다. 이런 학생들은 스트레스가 공부의 효율을 높여준다는 걸 이미 잘 알고 활용하고 있는 것으로 볼 수 있을 것 같습니다.

시험 때 받는 스트레스는
오히려 도움이 될 수도 있답니다.

그래도 극심한 스트레스를 겪으며 벼락치기를 하는 건 고통스럽기 때문에 시험을 이제 막 끝나면 앞으로는 벼락치기를 절대 하지 않겠다고 다짐하는데요. 최고의 효율을 자랑하는 벼락치기의 유혹에서 벗어나는 학생들은 그리 많지 않습니다. 심지어 지성인이라고 불리는 대학생들도 벼락치기를 하죠. 스트레스는 중요한 상황에서 집중력과 기억력을 높여주기 때문에 일어나는 현상이랍니다.

스트레스의 또 다른 좋은 점은 면역력을 강화한다는 것입니다. 중고등학생들은 시험 기간이 오면 거의 모든 시간을 시험공부에 할애해야 합니다. 이런 와중에 감기와 같은 질병에 걸리면 상황이 심각해질 수 있지요. 그런데 신기하게도 이런 상황에서는 감기 등과 같은 질병에 쉽게 걸리지 않습니다.

학생들은 대부분 시험 기간에 감기에 걸리지 않았던 이유를 단순히 운이 좋았다고만 생각하는데요. 운으로만 단정하기엔 그런 일이 생각보다 자주 있지 않았나요? 알고 보면 다 스트레스 덕분이랍니다. 특히 면역력이 다른 사람들에 비해 낮아서 평상시에 감기에 자주 걸리는 사람들도 이런 상황만 오면 굉장한 면역력을 자랑하죠.

스트레스가 어떻게 면역력을 높이냐고요? 시험으로 압박감에 시달리게 되면 스트레스 호르몬의 일종인 코르티솔의 분비량이 늘어나 신체 능력을 높여주는 원리입니다. 면역력도 신체 능력의 일종이기 때문에 함께 올라가지요. 시험뿐만 아니라 수많은 청중 앞에서 발표를 앞두고 있거나, 본인의 인생을 결정지을 수 있는 결전의 날(?)을 앞둔 상황에서도 스트레스로 인해 면역력이 올라가게 됩니다.

이런 상황에서 세균이나 바이러스의 갑작스러운 침입으로 질병에 걸리면 심각해지는데, 스트레스가 질병에 걸리지 않도록 도움을 주는 셈이지요. 결국 일을 무사히 마치고 스트레스 상황도 끝나고 몸이 나른해지면 그때가 되어서야 감기에 걸립니다(...). 꽤 많은 사람들이 겪는 일상적인 스트레스 패턴이죠.

하지만 이렇게 스트레스 상황에서 신체 능력이 향상되는 현상을 꼭 좋다고 볼 수는 없습니다. 몸에 큰 부담을 주기 때문에 자주 겪는 건 건강에 좋지 않기 때문입니다. 실제로 스트레스가 계속되면 면역력이 오히려 많이 약해집니다. 면역력을 너무 무리하게 사용하면서 면역계가 지쳐 제 힘을 발휘하지 못하는 거라고 보시면 됩니다. 그렇게 걸리는 질병이 바로 암이랍니다. 암은 면역계가 지쳐 버린 틈을 타서 암세포들이 수를 불리면서 생겨나거든요. 그러므로 스트레스는 딱 필요한 순간에만 짧게 받는 게 제일 이상적입니다.

자연재해를 겪거나 소중한 사람이 사망하는 등의 극단적인 스트레스

면역력
면역력
이제 내가 움직일 때가
되었군...
안돼....!

도 나쁘다고만 단정하면 오산입니다. 잘 극복한다면 스스로의 정신을 강하게 단련하는 좋은 계기가 되기도 하거든요. 그래서 어느 정도의 적절한 시련을 겪어본 사람들이 다른 어떤 사람들보다 삶의 만족도가 높고 성공할 확률도 높다는 연구결과가 있습니다. 시련을 겪고 나면 이후에도 겪을 스트레스 상황에서도 대처할 수 있는 힘이 생기기 때문이죠.

다만 이렇게 큰 시련이 주는 스트레스를 이겨내는 건 보통 쉬운 일이 아닌데요. 이겨내기 위해서는 스스로의 마음가짐이 제일 중요하다고 합니다. 시련을 겪고 나서도 잘 이겨내고 새 삶을 살아갈 수 있을 거라 믿고, 스트레스로 고통스러운 상황을 부정할 게 아니라 자연스럽게 받아들인다면 앞으로의 삶에 더 좋은 결과가 있을 거라고 해요.

뜬구름 잡는 소리처럼 들릴 수도 있겠다는 생각이 드는데요(...). 심리학자들과 정신의학자들이 밝혀낸 과학적인 사실이랍니다. '죽지 않을 정도의 고통은 나를 강하게 만든다'는 니체의 명언이 과학적으로 증명된 거지요.

스트레스는 절대로 우리 인류의 일상에서 사라지지 않습니다. 역사적으로 우리 인간들은 크고 작은 변화에 적응하면서 살아왔고, 때로는 스트레스를 받을 것을 각오하고 자발적으로 변화를 만들어나가며 진취적으로 살아가기도 했습니다. 덕분에 아프리카에서 기원한 인류는 원래 살던 곳을 떠나 지구 곳곳을 개척하며 지구의 거의 모든 지역에 살아가게 되었고, 삶을 더욱 편리하게 해주는 수많은 발명품을 개발하게 되었습니다.

만약 과거의 인류가 스트레스를 마냥 피하기만 하면서 살아왔다면 인류는 절대로 지금처럼 윤택하게 살아갈 수 없었을 겁니다. 즉 우리 인류의 역사는 스트레스와 함께 발전한 역사라고 해도 과언이 아닙니다. 그리고 우리는 모두 그렇게 살아온 사람들의 후손이죠. 현대 사회를 살아가는 우리도 스트레스를 전혀 받지 않기 위해 아무것도 안 하기로 결심해도(...) 얼마 지나지 않아 스트레스가 있는 본래의 환경으로 되돌아가려고 할 겁니다.

그러므로 스트레스를 없애려는 것은 아무 도움이 되지 않습니다. 스트레스를 없애려는 행위가 오히려 더 큰 스트레스를 유발하게 될 테니까요(...). 현대 사회에서는 스트레스를 마음 편히 받아들이고 올바르게 대처하는 방법을 찾는 게 중요하답니다.

명상은 스트레스 해소에 도움을 주는
가장 좋은 방법 중 하나랍니다.

실제로 힘든 상황에 놓인 사람들 가운데 스트레스를 회피하고 부정하는 사람들보다는 스트레스를 인정하고 긍정적으로 받아들인 사람들이 힘든 상황을 더 빠르게 극복했다고 합니다. 이들은 스트레스 상황을 극복하면 자기 앞에 지금보다 나은 삶이 자기 앞에 펼쳐질 것이라고 굳게 믿고 이겨나갔던 것이죠. 벼락치기로 시험 기간에 힘들어했던 중고등학생이 높은 집중력과 기억력을 발휘해서 좋은 성적을 받는 것처럼 말입니다. 스트레스가 정말 나쁘게 작용할 때에는 오직 스트레스를 회피하거나 부정적으로 생각했을 때뿐이었다고 하네요.

그렇다면 스트레스 상황에서는 어떻게 하는 게 제일 좋을까요? 잠시 눈을 감고 명상을 하는 것도 좋은 방법이고, 가볍게 운동을 하거나 잠시 게임을 즐기는 것도 좋은 방법이랍니다. 특히 명상은 스트레스 전문가들이 가장 적극적으로 권유하는 스트레스 해소법인데요. 명상을 해보신 적이 없다면 한 번쯤은 해보라고 추천해드리고 싶네요. 이런 방법들 외에도 본인만의 독특한 방법을 개발하는 것도 충분히 의미 있는 도전이 될 것입니다.

만약 독자 여러분이 스트레스를 잘 다룰 수 있게 된다면 스트레스는 갑작스러운 변화를 이겨낼 힘을 주고 삶에 새로움과 활기를 불어넣는 건전한 자극이 될 수도 있을 것입니다. 스트레스가 우리에게 어떤 존재가 될지는 우리의 마음가짐에 달려 있습니다.

과학의 희망편 : 스트레스는 무엇을 위한 감정일까?

여러분은 스스로가 어떤 상황에서 스트레스를 받는지 하나하나 생각해본 적이 있나요? 만약 안 해보셨다면 이참에 하루를 마무리하면서 언제 스트레스를 받았었는지 적어보세요. 어쩌면 스트레스에 대해 다시 한번 생각해보는 좋은 계기가 될 수도 있습니다. 실제로 본인이 무엇 때문에 스트레스를 받는지를 하나하나 정리해서 쭉 적어보는 것만으로 스트레스가 줄어든다는 연구결과가 있습니다.

시험공부

취업 준비

대학교 입시 준비

노력한 만큼 나오지 않는 시험 성적 또는 회사 실적

직장에서의 승진

결혼 및 이혼

친한 친구와의 갈등

날 이해해주지 않는 부모님

배우자의 죽음

임신과 출산

질병이나 부상

스트레스는 결혼이나 승진과 같이
우리 삶에 중요하고 소중한 것들과
관련되어 있답니다.

아마 대부분의 사람들은 위의 상황 중 최소한 하나 이상의 상황으로 인해 스트레스를 받아보셨을 겁니다. 그런데 이런 스트레스 상황들을 잘 살펴보면 공통점이 있어요. 바로 우리가 중요하게 혹은 소중하게 생각하는 것들과 관련되어 있다는 겁니다.

스탠포드 대학교의 심리학 강사인 켈리 맥고니걸은 '스트레스는 중요하게 생각하는 대상이 위태로울 때 발생한다'는 말을 남기기도 했습니다. 그러므로 스트레스는 소중한 것들을 지키기 위한 감정으로도 볼 수 있겠지요. 앞으로 스트레스가 생긴다면 무조건 고통스러워하지 마시고, '내가 지금 정말 소중하고 가치 있는 일을 하고 있구나' 생각하며 스스로를 다독여 보세요. 스트레스를 좀 더 긍정적으로 받아들일 수 있게 될 겁니다.

2장. 일단 있긴 한데, 왜 있는 건지는 잘 모르겠어!

07

사람들은 왜 그렇게까지 술을 마실까?

술

전 세계 어딜 가든 쉽게 볼 수 있는 음료가 바로 술입니다. 그만큼 우리 인류가 오래전부터 술을 마시는 문화를 발전시켜 왔다는 의미이기도 하죠. 도대체 술에 어떤 좋은 점이 있길래 사람들은 그토록 술을 즐겨 마시는 걸까요? 인류의 역사에서 술은 어떠한 의미가 있을까요?

> 술은 입속을 경쾌하게 한다. 그리고 마음속을 터놓게 한다.
> 이렇게 술은 하나의 도덕적 성질과 마음의 솔직함을 운반하는 물질이 된다.
> - 이마누엘 칸트 (독일의 철학자) -

저는 초등학생, 중학생 때 술을 마시는 어른들을 이해하지 못했습니다. 뉴스에서는 허구한 날 음주운전으로 사망한 사람들의 소식이 들려오고, 술에 취한 사람이 욕설이나 폭행을 저지르는 것도 자주 봤거든요. 그랬던 제가 대학교에 입학한 이후로 일주일에 최소 1~2번 이상 술을 마시는 주당이 됐습니다(...).

심지어는 술을 너무 많이 마셔서 그 날의 기억이 완전히 사라지는 바람에 큰 충격에 빠지기도 하고, 술을 마신 다음 날 숙취로 머리가 너무 아파서 온종일 누워있었던 적도 있었죠. 이렇게 고생한 이후에는 항상 술을 줄여야겠다는 다짐을 했는데요. 얼마 지나지 않아 친구들과 또 술을 잔뜩 마시곤 했답니다. 술을 마시던 어른들을 전혀 이해하지 못했던 제가 어느덧 정신을 차려보니 어른이 되어 술을 마시고 있었던 겁니다.

아마 이 책을 읽는 어른분들 중에서 평소에 술을 즐겨 마시는 분들은 제 이야기에 공감할 것입니다. 저랑 비슷한 경험을 하신 분들도 많을 거고요. 반면에 중고등학생 분들은 '어른들은 쓴맛뿐인 술을 왜 그렇게까지 즐겨 마실까?'라며 어른들을 이해하지 못할 듯합니다. 그런데 사실 술을 좋아하는 어른들에게 술을 왜 좋아하냐고 물어보면 대부분 명확하게 답을 못합니다. 술로 고생한 후 얼마 지나지 않아 또 술을 마시는 자신의 모습을 이해 못하는(?) 아이러니한 상황도 빈번하게 벌어지죠.

술은 에탄올이 들어가 있는 음료를 말합니다. 우리가 먹는 곡물이나 과일에는 단맛을 내는 당 성분이 포함되어 있습니다. 와인의 재료인 포도, 맥주의 재료인 밀과 보리, 한국 전통주의 재료인 쌀 모두 마찬가지지요. 이 당이 바로 에탄올의 원료입니다. 미생물의 일종인 효모가 산소가 없는 환경에 놓이면 당을 먹고 무럭무럭 자라면서 에탄올을 배출하거든요. 이 과정을 에탄올 발효라고 부릅니다. 어른들이 먹는 술은 에탄올 발효 과정을 거쳐서 만들어지지요.

효모, 에탄올 등의 전문용어들이 나와서 좀 복잡한 과정으로 보이는데요. 알고 보면 에탄올 발효는 자연 상태에서 되게 흔히 일어난답니

사람들이 왜 그렇게까지 술을 즐겨 마시는지 생각해본 적 있나요?

다. 최초로 술을 만든 존재도 사람이 아니라 원숭이라는 가설이 있지요. 미국 캘리포니아 대학교의 교수인 로버트 더들리가 주장한 '술 취한 원숭이 이론'이 바로 그것입니다.

이 가설에 따르면 원숭이들은 먹고 남은 포도를 바위 속에 숨기고 숙성시켜 두었다가 마셨다고 합니다. 바위 속에 있는 포도가 짓눌리고 으깨지면서 효모들이 자리를 잡고, 그렇게 만들어진 포도주를 원숭이들이 먹었던 거지요. 원숭이는 포도주를 먹고 헤롱헤롱거리는 게 일상이었습니다. 이걸 본 사람들이 호기심을 느끼고 원숭이를 따라 포도주를 먹기 시작했다고 합니다.

술 취한 원숭이 이론이 꽤 설득력이 있는 이유는 사람 외에도 술을 즐겨 먹는 동물이 많이 있기 때문입니다. 특히 코끼리는 에탄올 발효가 일어난 오래된 과일들을 무척이나 즐겨 먹고, 술이 더 먹고 싶으면 근처에 있는 양조장을 찾아가 양조장의 시설을 모조리 박살 내기도(...) 합니다.

의외로 사람과 비슷한 이유로 에탄올을 마시는 곤충들도 있는데요.

수컷 초파리는 짝짓기를 위해 열심히 암컷에게 구애 활동을 하다가 짝짓기를 계속 거절당하면(...) 자기 몸의 2배에 달하는 에탄올을 마시고 취해버립니다. 반면에 짝짓기에 성공한 초파리는 에탄올을 거의 먹지 않지요.

초파리의 모습이 사랑하는 연인에게 실연당하고 몇 날 며칠을 술만 마시는 사람들의 모습과 닮았죠? 술은 오직 사람만 먹는 음료라고 생각하기 쉬운데요. 지구상에 사람이 등장하기 한참 이전부터 동물들은 술을 즐겨 마셨습니다. 그러므로 사람이 술을 그토록 즐겨 마시는 이유도 다른 동물들처럼 술이 끌리는 본성을 가지고 있기 때문이라고 할 수 있습니다.

과학자들은 술이 인류의 역사에서 매우 중요했다고 강조합니다. 한때 역사학자들은 인류가 수렵사회를 끝내고 농경사회로 전환하게 된 계기가 배고픔 때문이었다고 주장했는데요. 최근 들어서는 배고픔을 해결하기 위해서라기보다는 술을 마시기 위해서였을 거라는 주장이 점점 힘을 얻고 있답니다. 수렵을 멈추고 곡물을 재배한다면 술을 계속 먹을 수 있게 될 거라 여겼던 거지요.

인류가 왜 이렇게까지 해서 술을 마시려고 했는지 이해가 되지 않는다고요? 술을 마시면 기분이 좋아져서 그런 것도 있지만 무엇보다도 술은 물을 대체할 수 있었던 것이 큽니다. 아시다시피 사람은 물 없이는 생존할 수 없는데요. 불과 몇 년 전만 해도 사람들은 깨끗한 물을 마시기 쉽지 않았답니다. 특히 유럽에서 나는 물은 석회가 많이 들어가 있어서 식수로 쓰기 부적합했습니다. 게다가 당시에는 정수기도 없어서 강에서 길러온 물을 함부로 먹었다가는 배탈나기 쉬웠죠. 이런 비위생적인 물을 먹느니 차라리 술을 먹는 게 훨씬 나았습니다.

무엇보다도 에탄올은 소독제로 사용하는 데에서도 알 수 있듯이 소독 기능도 있는데요. 덕분에 술은 박테리아의 위협에도 훨씬 안전하고 잘 상하지도 않았습니다. 그래서 음식을 장기간 보관해야 할 때도 곡물이나 과일을 술의 형태로 보관해 두었다가 음식 대신에 마시기도 했

과거의 사람들은 더러운 식수의 대체제로 술을 즐겨 마셨습니다.

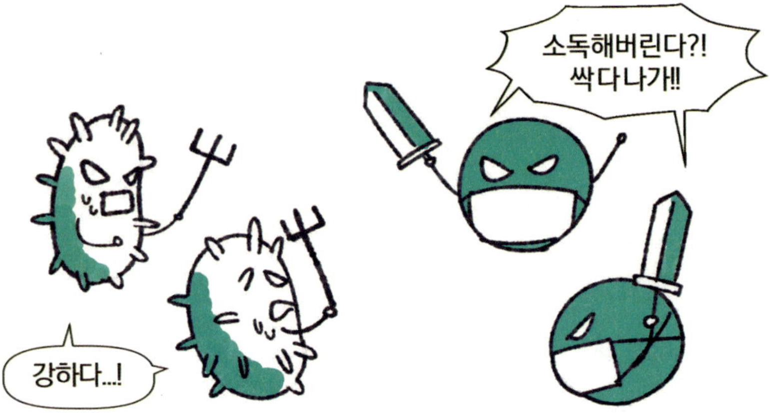

답니다. 술에도 음식만큼 많은 에너지가 들어 있거든요.

이쯤 되면 전 세계 거의 모든 문화권에 술이 자리 잡게 된 이유가 좀 이해되지 않나요? 전 세계에서 술 문화가 없는 사람들은 고기와 바다생물만 먹고 살았던 에스키모족 정도였습니다. 에스키모족에게 술 문화가 없었던 이유는 단순합니다. 고기와 바다생물로는 술을 만들 수가 없었으니까요. 그런데 에스키모족도 요즘엔 서구문화의 영향을 받아서 술을 마시는 추세랍니다.

최근에는 정수기가 개발되고 음식의 위생도 철저하게 관리되고 있어서 굳이 물과 음식 대신에 술을 먹을 필요는 없어 보이는데요. 꼭 그렇다고 볼 수는 없습니다. 그 이유는 사람이라면 누구나 가지고 있는 사회성과 관련이 있답니다.

아마 술을 먹어본 분이라면 술을 마시지 않았을 때보다 술을 마셨을 때 사람들과 더 거리낌 없이 지낼 수 있었던 경험이 있었을 겁니다. 술자리에서는 갑자기 절친이 되었다가 다음 날 아침 만났을 때 다시 어색해지는(…) 경험 말이에요.

심지어 술이 들어가면 평소에는 이런저런 이유로 미처 말하지 못했던 속마음이 나오기도 합니다. 대학생활이나 직장생활을 할 때 흔히 벌어지는 일들이죠. '내가 어제 왜 그랬지!'라며 후회하는 일도 많습니다(…). 여기서 우리는 술이 사람들 간의 유대관계를 더욱 깊게 만들어준다는 걸 알 수 있습니다. 특히 집단 부족생활을 하며 함께 사냥과 수렵을 했던 시절에는 이러한 유대관계의 구축이 더욱 중요했을 테니까 생각보다 술의 역할이 중요했을 거라고 짐작할 수 있죠.

미국 텍사스 오스틴 대학교의 교수인 찰스 홀래헌은 이와 관련해서 연구를 진행했습니다. 연구 방법은 간단합니다. 최근 3년 이내에 병으로 치료를 받은 경험이 있는 55~65살의 사람들을 모읍니다. 그리고 술을 적절하게 마시는 사람들과 술을 너무 많이 마시는 사람들, 술을 아예 마시지 않는 사람들로 집단을 나눠서 각각의 집단이 얼마나 오래 사는지 조사합니다.

연구 결과를 보니 술을 아예 마시지 않는 사람들이 20년 이내에 사망할 확률은 무려 69%에 달했습니다. 반면에 적절하게 술을 마시는 사람들의 사망률은 고작 41%였고 술을 너무 많이 마시는 사람들의 사망률은 60%였습니다.

술이 간 질환 등 수많은 질병을 유발한다는 걸 생각해보면 참 독특한

술은 다른 사람들과의 사회적 교류에 도움을 준답니다.

결과입니다. 더 놀라운 건 술을 아예 마시지 않는 사람들과 술을 너무 많이 마시는 사람들의 사망률이 거의 비슷하다는 겁니다.

왜 술을 적당히 마신 사람들이 제일 오래 살 수 있었던 걸까요? 술이 건강에 좋아서일까요? 일단 그건 절대 아닙니다. 예상하시다시피 에탄올 자체는 우리 몸에 그리 좋은 물질이 아니죠. 그런데 술을 적당히 마시면 다른 사람들과의 사회적 교류가 원활해집니다. 다른 사람들과의 활발한 사회적 교류는 정신적, 신체적 건강을 유지할 수 있도록 도와주지요. 술자리에서 서로 건강에 대한 정보를 공유할 수 있을 뿐 아니라 사람들과 만나 대화를 나누는 것만으로 즐거움과 행복을 느낄 수 있으니까요.

반면에 술을 아예 마시지 않는 사람들은 그렇지 않은 사람들보다 우울증을 앓는 일이 많았습니다. 우울증이 다른 사람들과의 사회적 교류에 문제가 생기면서 발생하는 병이라는 걸 생각해보면 술이 생각보다 사회적 교류에 큰 도움을 준다는 걸 알 수 있지요. 술을 적절히 마시면 삶의 재미를 가져다줄 수도 있다는 걸 보여주는 연구 결과랍니다.

나이가 들어서, 혹은 몸이 별로 건강하지 않은 상태에서 마시는 술은 몸에 큰 무리를 주기 때문에 정말 마셔도 괜찮을까 싶기는 한데요. 이걸 고려해도 술을 마시는 게 건강에 더 도움이 되는 모양입니다. 물론 술을 마시지 않아도 충분히 다른 사람과 사회적 교류를 원활히 할 수 있는 사람이라면 크게 문제가 없을 것 같지만요.

영국과 독일 등 일부 나라에서는 술을 마시면 치매 예방에도 도움이 된다는 연구 결과가 있답니다. 술을 아예 마시지 않는 사람들보다 술을 적절히 마시는 사람들에게 치매가 생길 가능성이 더 낮았다고 합니다. 술 자체가 치매 예방에 도움을 줬을 것 같지는 않고요. 아마 술자리에서 생겨나는 다른 사람들과의 사회적 교류가 치매 예방에 도움을 주지 않았을까 싶습니다.

술에 대해서 너무 좋은 말만 한 것 같은데요. 사실 술은 나쁜 점도 있죠. 과도하게 먹으면 그만큼의 대가가 따릅니다. 에탄올이 뇌로 가면 에탄올이 기억을 저장하는 역할을 하는 해마의 활동을 방해해 기억을 잃을 수도 있거든요. 그리고 에탄올이 분해되는 과정에서 생기는 물질들이 우리 몸을 순환하는 혈액에 남으면서 숙취를 일으키게 되지요. 기억상실과 숙취 이 둘은 사람들이 술을 끊겠다고 결심하는 계기가 됩니다. 기억상실은 다음 날에 엄청난 공포로 다가오고 숙취는 고통스럽거든요. 물론 실제로 이 일들을 계기로 술을 정말 끊는 사람들은 많지 않지만요(...).

에탄올에서 분해된
우리가 너흴 괴롭혀주마!
울렁거려...
머리 아파...
숙취 때문에
못 일어나겠어...

기억상실과 숙취는 에탄올로 인해 몸에 큰 무리가 왔다는 경고 신호이기도 한데요. 만약 기억상실과 숙취가 자주 올 정도로 술을 많이 마시면 몸이 에탄올 분해를 위해 과도하게 무리하면서 다양한 질병에 걸리게 됩니다.

특히 뇌는 에탄올에 굉장히 치명적인데요. 뇌가 에탄올에 많이 노출될수록 회백질과 백질의 크기가 크게 줄어들 정도의 변형이 온답니다. 회백질과 백질의 크기가 줄어들었다는 것은 뇌가 손상되었다는 말과 같다고 보셔도 됩니다. 술에 의한 뇌 손상은 마약(!)에 의한 손상보다 훨씬 치명적인 것으로 알려져 있습니다. 치매도 에탄올에 의한 뇌 손상으로 발생하지요.

특히 유전적인 영향으로 술을 못 마시는 사람들에게 술은 더욱 치명적입니다. 사람마다 에탄올을 분해할 수 있는 정도가 다르다는 건 익히 알려진 사실인데요. Aldh2라는 효소를 만드는 유전자가 이런 차이를 만드는 유전자 중 하나입니다. Aldh2에 변이가 있는 사람은 에탄올을 분해하는 효율이 다른 사람들에 비해 압도적으로 떨어집니다.

이런 사람들은 술을 한 잔만 마셔도 얼굴이 빨갛게 변하는 특징이 있어서 구분하기도 쉽습니다. 우리나라 전체 인구의 3명 중 1명이 여기에 해당하죠. 생각보다 많습니다. 만약 술을 한 잔만 마셔도 얼굴이 빨갛게 변하는 분이 계신다면 술은 드시지 않는 게 제일 좋고, 드시더라도 약간만 드시는 게 제일 좋습니다.

이처럼 에탄올은 우리 몸에 그리 좋지는 않은 물질인데요. 그럼에도

에탄올의 화학적 구조를 보니
술을 마시면 개가 된다는
누군가의 명언(?)이 떠오릅니다.

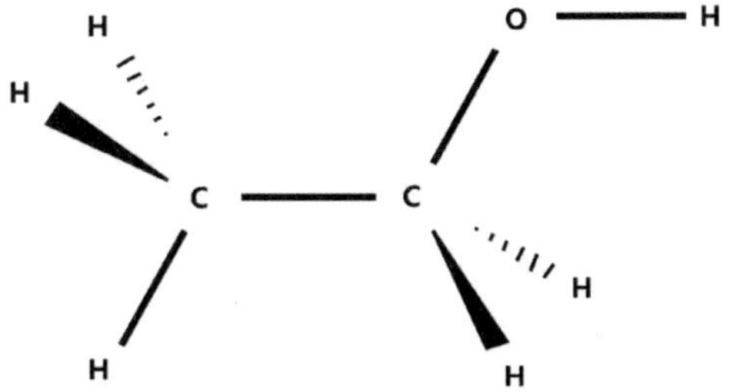

불구하고 적당한 양의 술은 오히려 건강에 도움이 된다는 속설이 입방아에 오르내리곤 했습니다. 예를 들어 와인과 막걸리는 암을 억제하는 물질이 들어 있다는 식이었죠. 독자 여러분도 혹시 믿고 계시는 건 아닌가요?

이런 속설들은 모두 사실이 아닙니다. 암을 억제하는 물질이 아예 없다고 할 수는 없지만 양이 너무 적어서 의미가 없거든요. 결정적으로 국제암연구소에서는 술을 담배와 함께 1급 발암물질로 규정합니다. 에탄올 자체는 적게 마시든 많이 마시든 상관없이 무조건 우리 몸에 나쁜 물질이라는 결론이 난 거지요.

이렇게 술의 좋은 점과 나쁜 점을 따지고 보니까 술을 마시는 게 좋은 건지, 마시지 않는 게 좋은 건지 결론을 내기가 참 어려운 것 같습니다. 한쪽에서는 술을 마시면 뇌 손상으로 치매가 온다고 하고, 다른 한쪽에서는 술을 마시면 사람들과의 사회적 교류가 활발해져서 치매가 예방된다고 하는 식이니까요. 둘 다 틀렸거나 둘 중 하나만 틀렸다고 단정 지을 수도 없고요.

그렇다면 결론은 하나입니다. 술은 좋은 얼굴과 나쁜 얼굴을 모두 가지고 있는 녀석입니다. 그러므로 우리는 술이 우리에게 나쁜 얼굴보다는 좋은 얼굴을 보여주는 녀석이 되도록 잘 다뤄야 합니다. 위에서도 여러 번 언급했는데요. 술의 좋은 점은 오직 술을 '적당히' 마셨을 때만 우리 앞에 모습을 드러냅니다. 술을 자신의 몸에 크게 무리가 가지 않을 정도로 적당히 마신다면 행복하게 즐길 수 있을 것이고, 과도하게 마신다면 몸에 무리가 와서 건강 문제에 시달리게 되겠죠. 어느 쪽을 선택하느냐는 오직 술을 마시는 사람에게 달려 있습니다.

과학의 참사편 : 술버릇은 왜 생길까?

갑자기 미친 듯이 웃고, 뜬금 없이 슬프다며 울고, 꾸벅꾸벅 졸다 잠들고, 심하면 테이블 위의 음식을 다 엎어버리는(...) 등 사람들의 술버릇은 천차만별입니다. 다들 똑같은 술을 마셔도 술버릇은 왜 사람마다 다른 걸까요? 사람마다 알코올에 예민한 뇌의 부위가 각자 다르기 때문입니다.

전두엽이 알코올에 예민한 사람의 술버릇은 어떨까요? 판단능력이 급격하게 떨어져 말을 제대로 못하거나 돌부리에 걸려 넘어지는 등 실수를 연발합니다. 목소리의 크기를 조절하지 못해 갑자기 목소리가 커지기도 하죠. 그 외에도 감정조절중추가 예민하면 감정조절에 서툴러지거나 심하면 다른 사람과 싸움을 벌이고, 수면중추가 예민하면 술을 마시고 쉽게 잠들어 버린답니다.

연수가 알코올에 예민하면 노래를 할 때 음정과 박자를 무시하는 음치가 됩니다. 주변에 흔하지는 않죠. 연수는 호흡 기능을 관장하기 때문에 이런 사람은 술을 너무 많이 마시다가 숨을 못 쉬어서 사망하기 쉽습니다. 실제로 술을 마시다 죽는 사람들은 대부분 연수에 문제가 생겼기 때문입니다.

우리 몸의 대사와 자율신경계의 활동에 관여하는 뇌 시상하부가 알코올에 예민하면 술을 많이 마신 후 발기부전(...)이 오기도 합니다. 이

술버릇의 원인은 대부분
선천적인 요인 때문입니다.

런 분들은 원활한 성기능을 유지하기 위해서 술을 자제하는 것이 좋겠지요.

이처럼 술버릇은 대부분 후천적인 요인이 원인이 아니라, 선천적인 요인이 원인이라서 고쳐지지 않습니다. 뉴질랜드 오클랜드 대학의 연구진들은 젊었을 때의 술버릇이 나이가 들어도 절대 없어지지 않는다(!)는 충격적인 연구 결과를 발표했죠. 핀란드 헬싱키 대학에서는 술을 마시고 충동적이고 공격적인 행동을 하는 데에 관여하는 유전자를 발견하기도 했습니다.

만약 술버릇이 너무 심한 분이라면 술버릇을 고쳐야겠다는 생각보다는 술을 끊는 것이 주변 분들을 위해서도 가장 좋은 방법일 것입니다. 술버릇을 고치지 못하는 것은 절대로 여러분의 의지가 부족해서 그런 것이 아니라는 사실을 명심하시기 바랍니다.

08

인공적인 환경에 적응해버린 곤충들!

해충

우리 인류는 건물을 짓고 각종 시설과 장치를 개발하는 등 인공적인 환경을 만들었습니다. 하지만 이런 인공적인 환경이 사람들에게만 아늑하진 않겠죠? 사람 외에 다른 동물들도 인공적인 환경에서 서식하기 시작했고, 이들 중 사람들에게 피해를 끼치는 해충도 우리 앞에 모습을 드러냈습니다.

윙윙거리는 모기의 소리만큼 심술과 적의를 그토록 작은 부피에
응집시킨 것은 없을 것이다.
- 엘스페스 헉슬리 (영국의 작가) -

인류는 지구상에 등장하면서 지구 곳곳의 환경을 완전히 뒤바꿔 놓았습니다. 울창한 숲을 개간해 벼를 재배하는 논을 만들었고, 광활한 평지 위에 거대한 도시를 세워서 막대한 인구의 사람들이 거주할 수 있는 공간을 만들었죠. 이 과정에서 수많은 동물들이 사람들에게 삶의 터전을 빼앗기고 멸종했습니다.

그런데 모든 동물들이 사람들에게 삶의 터전을 빼앗기기만 한 것은 아닙니다. 사람들이 자연 환경을 바꿔놓은 덕분에 오히려 더 번성(!)하게 된 동물들도 일부 있거든요. 사람들이 의도치 않게 이들에게 먹이를 제공해주거나 천적들을 피해 도망칠 수 있는 피난처를 마련해줬기 때문이지요.

이들 중 어떤 동물은 사람들이 더욱 풍족한 삶을 살아갈 수 있도록 도움을 주기도 한답니다. 이제 사람들이 이런 동물들 없이는 절대로 일상을 유지할 수 없을 정도가 되었지요. 사람들도 이런 동물들을 싫어할 이유가 전혀 없기에 해치지 않고 서로 공존하며 잘 살아가고 있습니다. 오히려 작고 귀여운 외모 때문에 사람들 사이에서 인기가 많은 경우도 있죠.

대표적인 동물이 바로 참새입니다. 새들은 대부분 도시 밖으로 나가

참새는 인류와의 공존에 성공한 동물이랍니다.

야만 볼 수 있지만, 참새는 비둘기와 함께 도시 한가운데에서도 볼 수 있는 동물이지요. 지구상에서 참새를 볼 수 없는 곳은 극한의 환경을 가진 일부 지역밖에 없습니다. 참새가 이렇게까지 전 지구상에서 번성할 수 있었던 이유는 바로 사람 덕분입니다.

왜냐구요? 사람이 사는 지역에는 뱀이나 매 같은 참새의 천적들이 살 수가 없기 때문입니다. 워낙 사나운 녀석들이라 사람들이 내쫓아 버리거든요. 게다가 사람들이 거주하는 지역에는 처마 밑이나 지붕처럼 둥지를 틀 만한 공간이 많이 마련되어 있죠. 참새는 이 점을 이용(?)해 사람들이 거주하는 지역 근처에 머무릅니다. 실제로 사람들이 거의 살지 않는 지역에서는 참새를 쉽게 볼 수 없죠.

무엇보다도 사람들이 거주하는 지역 근처에는 반드시 쌀과 같은 곡식을 재배하는 농경지가 있습니다. 사람들이 참새의 먹이까지 제공해 주는 셈입니다. 그렇다고 해서 참새가 사람들의 농사에 피해를 주는 동물은 아니랍니다. 참새가 병충해를 일으키는 각종 곤충들을 많이 잡아먹어서 작물들이 건강하게 자랄 수 있도록 도와주거든요. 곡식을 먹긴 하지만 곤충을 더 많이 잡아먹어서 오히려 사람에게 도움이 되는 동물이 될 수 있는 거지요.

참새가 인류에게 얼마나 큰 도움을 주는 중요한 동물인지는 중국의 사례에서 알 수 있습니다. 중국이 참새와의 전쟁을 선포하고 무려 2억 1000만 마리에 달하는 참새들을 학살했던 적이 있거든요. 참새가 소중한 곡식 낟알을 먹으니까 농민들의 농사를 방해한다고 생각했던 거지요.

하지만 대규모의 참새 학살 이후 중국에 찾아온 것은 풍작이 아니라 대기근이었습니다. 참새가 사라진 농경지가 메뚜기 떼로 뒤덮여 버렸거든요. 메뚜기들은 농민들이 애써 기른 벼의 낟알을 닥치는 대로 해치웠습니다. 메뚜기를 잡아먹는 참새들을 다 없애 버렸으니 메뚜기 개체 수가 폭발적으로 증가하고 만 것입니다. 참새가 사람들이 모르는 사이에 메뚜기처럼 농사를 방해하는 곤충을 어마어마하게 잡아먹어

사람들에게 도움을 주고 있었다는 사실을 전혀 몰랐던 겁니다.

이처럼 참새는 사람들의 보호 없이는 번성할 수 없지만, 사람도 마찬가지로 참새 없이는 농사를 제대로 지을 수 없답니다. 만약 참새가 지구상에 갑작스럽게 사라진다면 인류는 곡식을 제대로 재배하지 못하게 될 겁니다. 전 세계적으로 유례없는 식량난이 벌어지겠죠.

참새와 인류는 언뜻 보면 인류가 참새에게 일방적으로 도움을 주고 귀여워해주는(?) 것처럼 보이지만, 알고 보면 서로가 서로를 보호하는, 떼어내고 싶어도 뗄 수 없는 소중한 존재인 셈입니다. 사람도 결국에는 다른 동물들에게 도움을 받으며 살아갈 수밖에 없는 생태계의 일원 중 하나라는 것을 잘 보여주는 좋은 사례지요.

문제는 사람들 곁에 남아있는 동물들이 모두 참새처럼 화목하게 지내지는 않는다는 겁니다. 안타깝게도 거의 모든 동물들은 사람들과 불편한 동거를 합니다. 사람들에게 치명적인 질병을 전파하기도 하고, 사람들이 먹는 음식을 더럽게 만들고(...), 사람들의 몸 일부를 깨물어 크나큰 고통을 선사해주기도 하면서요. 사람들도 이런 동물들을 퇴치하기 위해 살충제 등과 같은 다양한 도구들을 동원했죠.

사람들에게 이런 만행(?)을 저지르는 동물들은 대부분 사람들에 비해 크기가 작은 곤충인 경우가 많은데요. 이렇게 사람들에게 해를 끼치는 곤충이 바로 해충입니다. 다행히도 거의 모든 종류의 해충들은 사람들이 거주하는 도시에서 쉽게 볼 수 없지만, 일부 해충들은 도시 환경에

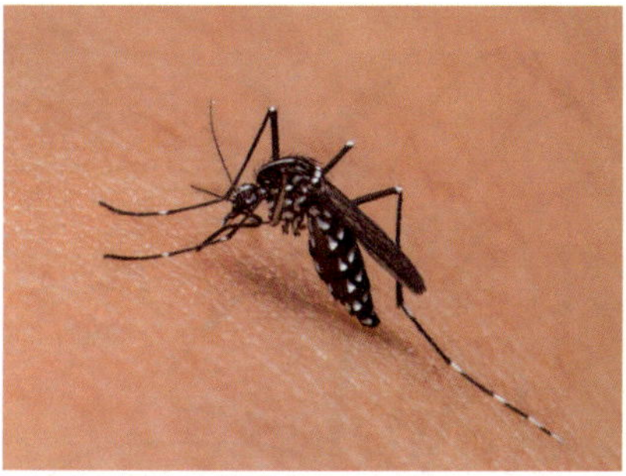

인류에게 모기만큼 최악으로 거론되는
해충은 아마 없을 겁니다.

도 악착같이 적응해서 심각한 피해를 일으키고 있답니다. 아예 적응하다 못해 자연환경보다 인공적인 환경이 살기가 더 좋아 보이는 해충들도 있죠. 사람들이 해충들에게 거주할 수 있는 환경을 제공해준 셈이기에 해충들도 참새처럼 사람들과 친하게 지내면 좋으련만, 해충들은 애초에 사람들에게 해로운 존재이기에 절대 불가능합니다.

사람들이 제일 싫어하는 해충을 딱 하나만 꼽으라면 대부분 모기를 언급합니다. 평소에는 잠잠하지만, 비가 많이 내리는 여름이 찾아오면 방안 곳곳을 날아다니며 우리에게 피해를 주죠. 모기가 물고 간 자리는 붉은 염증이 올라와서 가려움을 유발하는데요. 가려움의 강도가 상당해서 견디기가 힘들다 보니 계속 긁다가 피가 나거나, 더 심한 염증이 발생하기도 합니다. 여름만 찾아보면 밤에 편히 잠들다가도 귀 주변을 윙윙거리며 붉은 염증을 유발하는 모기 때문에 잠에 깨는 일이 부지기수지요.

하지만 어쩌면 우리가 모기로 인해 겪는 고통은 아무것도 아닐 수 있습니다. 아프리카나 동남아시아, 남아메리카처럼 연중 날씨가 덥고 비

가 자주 내리는 지역에서는 모기로 인한 피해가 우리와는 비교할 수 없을 정도로 심각하거든요. 모기가 곳곳을 돌아다니며 여러 사람들의 피를 빠는 과정에서 말라리아, 일본뇌염, 뎅기열, 황열병 등과 같은 전염병을 퍼뜨리기 때문입니다. 실제로 1년마다 전 세계에서 모기로 인해 약 3~5억 명의 전염병 환자가 발생하고, 최소 200만 명에 달하는 사람들이 목숨을 잃는다는 보고가 있답니다.

경제학자들은 모기가 사라진다면 세계 경제에 어떠한 영향을 미칠지 예상하기도 했는데요. 아프리카나 동남아시아, 남아메리카 같은 국가에서 질병 예방 및 치료에 소비되는 보건의료 비용이 줄어들 것이며, 이렇게 절약된 비용을 경제성장에 투자하여 상당한 수준의 경제발전이 이루어질 수 있을 거라고 합니다. 모기는 단순히 우리에게 가려움을 유발하고 잠자리를 방해하는 수준을 넘어서, 경제(...)에까지 영향을 미치고 있는 셈이지요.

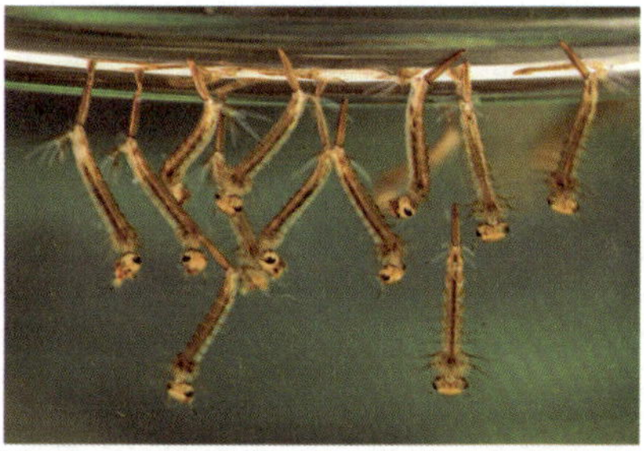

모기 유충은 물이 고인 인공적인 환경에서 주로 발견됩니다.

한편, 모기는 참새처럼 인공적인 환경에 적응하다 못해 아예 깊숙이 자리 잡아 버린 종이기도 합니다. 모기는 유충 때 물속에서 살다가 성충이 되면 물 밖으로 나와 하늘을 나는 생활사를 가지고 있다는 걸 알고 계신가요? 모기 유충은 자연 상태에서 비가 내려 고인 물이나 하천에서 발견되어야 하지만, 실제로는 이런 곳보다 배수로에 남은 얕은 물, 하수구, 창문 틈새의 고인 물, 유리병의 고인 물에서 더 쉽게 발견할 수 있습니다. 아무래도 모기 유충에게는 자기를 잡아먹는 천적들이 득실거리는 하천 같은 장소보다는 이런 곳이 살아남기가 훨씬 유리할 것입니다.

이건 달리 말하면, 사람들이 본의 아니게 모기들에게 아늑한 안식처를 제공해주고 있다는 의미도 됩니다. 심지어 사람들이 거주하는 도시 지역은 사마귀, 거미, 박쥐, 개구리 같은 모기의 천적들이 거의 없는 환경이므로 모기에게는 이만큼 살기 좋은 곳이 없지요. 생각만 해도 열받는(...) 부분입니다.

모기 말고 다른 해충도 궁금하지 않으신가요? 바퀴벌레도 절대 빼놓을 수 없는 해충입니다. 사람들은 모기를 보면 손으로든, 무기(?)로든 무작정 잡으려 들지만, 바퀴벌레를 보면 일단 경악하며 소리부터 지르고 보죠. 아무리 곤충을 좋아하는 사람이라도 바퀴벌레조차도 좋아하는 사람은 아마 없을 겁니다. 여기서 우리는 바퀴벌레가 모기와 비교해도 훨씬 극심한 혐오감을 유발하는 해충이라는 사실을 알 수 있습니다(...).

바퀴벌레가 이토록 유명한 이유는 바로 생명력 때문이죠. 바퀴벌레는 지금으로부터 약 1억 년 전인 백악기에 출현해, 지금까지도 지구 곳곳을 누비고 다닐 정도로 끈질긴 생명력을 가진 해충입니다. 우리 인류가 지구상에 500만 년 전에 등장했다는 것을 생각해보면 바퀴벌레는 우리 인류의 까마득한 선배인 셈이죠.

생명력이 어찌나 강한지 일부 바퀴벌레 종류는 아무것도 먹지 않고 물만 마시고도 최대 3개월까지 버틸 수 있을 정도입니다. 바퀴벌레의 수명이 평균적으로 약 5~7개월 정도이니 전체 일생의 절반을 아무것도 먹지 않아도 버틸 수 있다는 의미가 되지요.

사람으로 치면 40~50년을 아무것도 먹지 않아도 죽지 않는 것과 같습니다. 사람에게는 절대 말도 안 되는 이야기죠. 40~50년은커녕 하루 이틀만 굶어도 힘든걸요. 게다가 이동속도는 얼마나 빠른지 사람으로 치면 1초에 100m를 이동하는 수준입니다. 동물 중에서 가장 이동속도가 빠르다는 치타와 비교해도 3배 더 빠르다고 합니다. 경이로운

수준이죠.

바퀴벌레는 먹는 음식도 가리지 않습니다. 거의 모든 종류의 유기물을 소화할 수 있거든요. 쓰레기나 폐기물은 말할 것도 없고, 사람에게 나오는 각질, 머리카락, 손톱조차도 바퀴벌레에게는 먹이원이 될 정도랍니다. 일단 사람이 먹을 수 있는 음식은 모두 먹을 수 있다고 보면 되고, 사람이 먹기에는 다소 애매(?)한 음식들도 대부분 먹는다고 보시면 될 것 같습니다.

그래서 바퀴벌레는 유기물이 가득한 하수구나 쓰레기장을 포함해 인공적인 환경 어디든지 쉽게 발견할 수 있죠. 바퀴벌레 수준의 생명력이라면 인공적인 환경에 적응하기는 그리 어렵지 않았을 겁니다.

아무리 먹을 음식을 가리지 않는 바퀴벌레라도 다른 동물이나 곤충들과 마찬가지로 단맛이 나는 음식을 제일 좋아합니다. 하지만 인공적인 환경에서는 이런 단맛이 나는 음식을 쉽게 섭취하기가 어려운데요.

그럼에도 불구하고 바퀴벌레를 인공적인 환경에서 이토록 쉽게 볼 수 있는 이유는 인공적인 환경이 바퀴벌레에게 살기 좋은 환경이기 때문입니다.

바퀴벌레는 본인이 머무르고 있는 공간을 온몸으로 감지하고자 하는 본능이 있습니다. 그래서 이왕이면 자신의 몸에 꽉 끼는 공간에 머무르는 것을 선호하는 편이죠. 당장 가정집만 봐도 가구와 가구 사이의 틈, 장판과 벽 사이의 틈, 좁은 하수구 등 바퀴벌레 몸에 꽉 끼는 환경이 많이 조성되어 있다는 것을 알 수 있습니다.

모기와 바퀴벌레가 독한 녀석이라는 사실은 대부분 알고 계셨을 텐데, 어떻게, 얼마나 독한 녀석들인지까지 알고 나니 어떠신가요? 아마 모기나 바퀴벌레 같은 해충들은 획기적인 방법을 사용하지 않는 이상 계속 사람과 불편한 동거를 할 가능성이 높답니다. 사람들이 이런 해충들과의 불편한 동거를 끝낼 수 있는 가장 좋은 방법은 멸종시키는 것뿐입니다. 살충제로는 어림도 없다는 거죠.

전 세계의 과학자들은 유전자 가위 크리스퍼(Crispr-cas9)로 모기 유전자를 조작해 모기를 멸종시키려는 시도를 아주 오래전부터 해왔습니다. 가장 대표적인 방법이 바로 크리스퍼로 수컷 모기의 유전자를 조작해서 불임 수컷 모기를 만드는 것입니다. 불임 수컷 모기와 암컷 모기가 낳은 알은 부화하지 못하고 죽어버리기 때문에 모기의 수를 획기적으로 줄일 수 있죠. 실제로 수컷 불임 모기를 방생해서 모기의 수

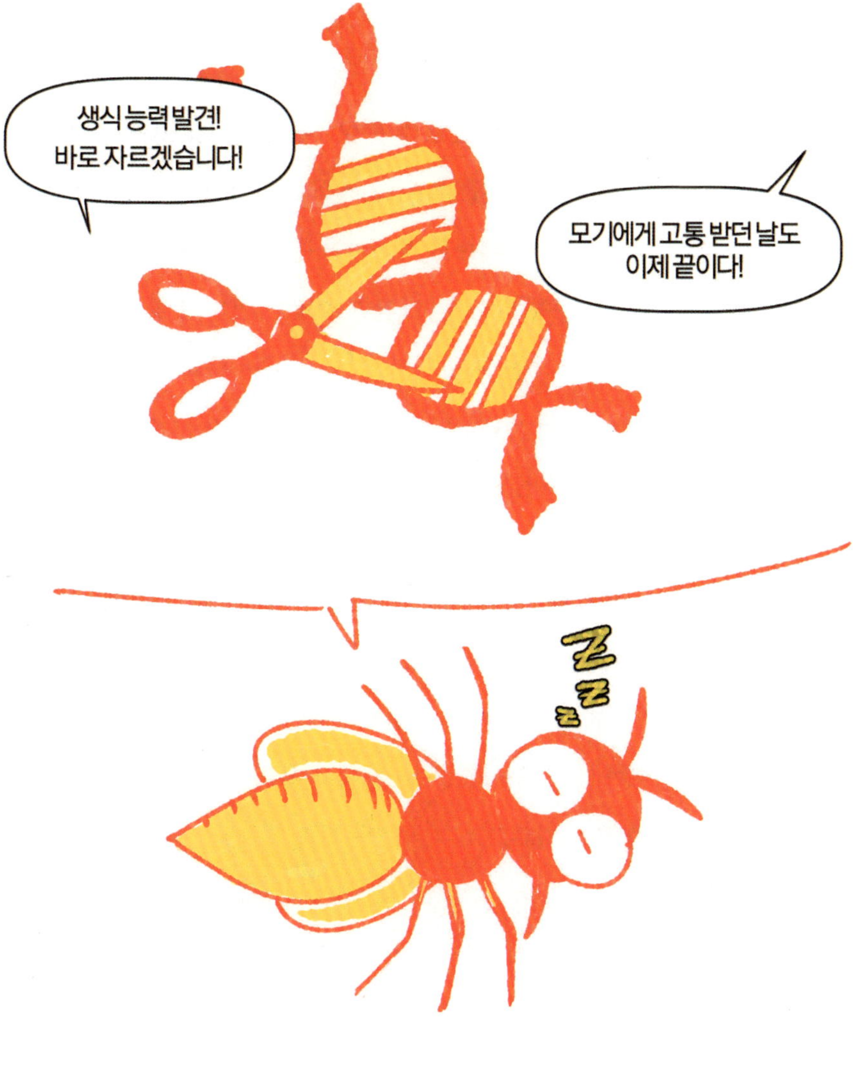
생식 능력 발견!
바로 자르겠습니다!
모기에게 고통 받던 날도
이제 끝이다!
ZZZ

가 감소하는 효과를 여러 번 보기도 했습니다. 하지만 시간이 지나면 남은 모기들이 다시 번식을 할 뿐 아니라, 수컷 불임 모기의 알이 다 죽는 것은 아니라는 한계가 있습니다.

그렇다면 이런 방법은 어떨까요? 수컷 모기를 불임으로 만들어 버림과 동시에, 모기를 불임으로 만드는 크리스퍼도 모기의 유전체에 함께 심어버리는 것입니다. 다음 세대로 유전자가 전달될 때 유전자와 함께 크리스퍼까지 전달되도록 말이죠. 그러면 수컷 모기는 불임 유전자를 가지고 있어 번식이 어려울 뿐 아니라, 알 상태에서 죽지 않고 살아남은 후손도 유전체에 들어 있는 크리스퍼에 의해 유전자가 조작돼 불임이 될 것입니다. 그 결과 불임인 개체가 세대를 거쳐 계속 퍼져서 씨가 말라 버리겠지요.

이처럼 생물의 유전체에 크리스퍼를 심어서 후손에게까지 유전자 조작이 이루어지도록 하는 기술을 유전자 드라이브(Gene Drive) 기술이라고 합니다. 모기뿐 아니라 바퀴벌레와 같은 해충들, 생태계를 위협하는 외래종에게도 모두 사용할 수 있어서 유해생물 문제를 해결해 줄 기술로 주목받고 있지요.

우리 인류는 해충을 퇴치하기 위해 살충제, 모기장, 에프킬라(?) 등 셀 수 없이 다양한 무기들을 만들어 왔습니다. 하지만 이러한 노력에도 불구하고 인류와 해충 간의 전쟁은 절대로 끝나지 않았는데요. 어쩌면 유전자 드라이브 기술은 인류와 해충 간의 전쟁을 결국 종결로 이끌지도 모르겠습니다.

하지만 나중에 우리 인류가 유전자 드라이브 기술을 완벽하게 다룰 수 있게 되었다 하더라도 해충을 쉽게 멸종시키지는 못할 겁니다. 해충도 생태계에서 먹이사슬의 한 부분을 차지하고 있기에 멸종 후 큰 문제가 생길 수도 있거든요. 애초에 해충이라는 개념 자체가 인간 중심적으로 정해진 것이기에 벌어지는 모순이라고 할 수 있습니다. 사람에게 필요가 없는 종이라고 해서, 자연 생태계에서도 필요 없는 종은 아니니까요.

당장 모기만 해도 멸종 시 자연 생태계에 문제가 없을지에 대한 의견이 과학자마다 갈립니다. 어떤 과학자들은 모기가 멸종한다면 모기를 먹이원으로 하는 새들과 물고기, 개구리가 굶어 죽을 수 있다고 경고하지만, 다른 과학자들은 모기의 역할이 다른 곤충으로 대체될 것이므로 문제가 되지 않을 거라 주장하죠. 또 다른 과학자는 모기의 역할이 다른 곤충으로 대체되는 것 자체가 생태계에 큰 문제를 일으킬 수 있다고 말합니다.

앞으로 인류가 해충의 전쟁을 어떤 방법으로 슬기롭게 극복해 나갈지 두고 볼 일입니다. 어쩌면 인류에게 해를 끼친다는 이유만으로 멸종시키는 것은 인류를 위한 해법이 아닐 수 있습니다.

과학의 파멸편 : 지구온난화가 해충의 식욕을 늘린다?

19세기와 비교하면 지구의 온도는 현재 약 1도 정도 상승한 상태입니다. 덕분에 작물을 재배하기가 어려운 고위도 지역에서도 작물을 재배할 수 있게 되었고, 온대지역에서도 열대작물을 재배할 수 있게 되었죠.

여기까지만 보면 지구온난화가 농업에 도움을 주는 것처럼 보이는데요. 만약 지구온난화로 지구의 온도가 더 오른다면 오히려 농업에 엄청난 악영향을 끼칠 것으로 예상됩니다. 메뚜기, 바구미, 노린재, 벼멸구, 잎벌레, 나방과 같이 농작물에 피해를 끼치는 해충 때문이에요. 비록 모기, 바퀴벌레처럼 사람들에게 직접적인 피해를 주지는 않지만, 인류의 식량을 먹어치우므로 더 위협적이랍니다.

지구온난화랑 해충이 무슨 상관이냐고요? 곤충은 주변 환경의 온도에 따라 체온이 바뀌는 변온동물인데요. 문제는 해충의 체온이 지구온난화로 인해 상승하면 대사율이 증가해 에너지 요구량이 늘어난다는 겁니다. 에너지를 보충하기 위해 지금보다 더 많이 먹어야 한다는 것이죠(…). 많이 먹은 만큼 번식률도 상승할 겁니다. 그러므로 지구온난화로 온도가 올라가면 해충들이 더 많은 농작물을 먹어치워 수확량이 줄어들 거라 예상할 수 있습니다.

작은 해충이 먹어봤자 얼마나 먹겠냐고요? 비록 곤충은 크기가 작지

지구온난화는 해충의 농작물 섭취량과
번식률을 더욱 높일 것입니다.

만, 그 수는 지구상 인간의 개체 수를 아득히 뛰어넘습니다. 학자들은 지구의 온도가 지금보다 1도 더 상승한다면 해충이 어마어마하게 늘어나 전 세계 쌀과 밀, 옥수수의 수확량이 무려 10~20%나 감소할 거라 예측하고 있죠.

만약 1도가 아니라 2도 상승한다면 쌀과 밀, 옥수수의 수확량이 20~50%나 감소(!)할 거라는 절망적인 예측도 있습니다. 특히 남아시아와 동남아시아의 피해는 엄청난 수준이라는데요. 쌀 수확량이 무려 60%나 감소할 거라고 합니다(...). 이 정도 수준까지 다다른다면 기아의 인구가 지금보다 더욱 증가해 더욱 많은 사람들이 빈곤에 허덕이게 되겠지요.

지구온난화가 지금과 같이 계속된다면 인류는 해충과의 싸움에서 완벽하게 패배할 것입니다. 우리가 지구온난화를 늦추고 환경을 보호해야 할 이유가 하나 더 생겼는걸요.

09

쓴맛밖에 안 나는 음료가 뭐가 그렇게 좋은데!

커피

커피는 배를 채울 수 있는 음료도 아니고, 맛이 있는 것도 아닙니다. 그런데 왜 사람들은 커피에 열광하는 걸까요? 바로 커피에 들어 있는 카페인 덕분입니다. 커피의 카페인 성분 하나가 인류를 커피의 세계로 끌어들인 셈이죠. 그리고 이제 커피는 현대 들어 효능과 부작용에 대한 논란의 중심으로 새롭게 떠올랐습니다.

내가 정신을 차릴 수 있도록 돕는 것은 진한 커피이다.
커피는 내게 온기를 주고 특이한 힘과 기쁨과 쾌락이 동반된 고통을 불러일으킨다.
– 나폴레옹 (프랑스의 황제) –

커피는 커피나무 열매 속의 원두를 볶고 분쇄한 가루에 물을 넣어서 추출한 음료를 말합니다. 원래는 유럽인들과 미국인들의 전유물이었지만 우리나라에도 조선 후기에 처음으로 유입되면서 사람들 사이에 알려지기 시작했습니다. 그리고 1999년에는 세계적인 카페 체인점인 스타벅스가 우리나라에 상륙하며 본격적인 커피 전성기가 시작되지요. 그동안 커피믹스와 같은 인스턴트커피를 주로 마시던 한국인에게 스타벅스의 고급 커피는 혁신이었습니다.

스타벅스의 한국 상륙 이후 몇십 년이 지난 지금, 한국인들은 이제 커피 없이 일상을 지속할 수 없을 정도로 커피를 사랑하게 되었습니다. 커피와 함께 아침을 시작하는 사람들이 많아졌고, 점심식사 후에 커피를 마시는 것도 이제 당연하게 여겨지는 코스가 됐죠. 사람들과의

커피는 원두를 볶고 분쇄한 가루에
물을 넣어 추출한 음료입니다.

대화 속에도 슬그머니 자리 한 곳을 차지하고 있습니다. 반드시 먹어야 하는 음료까지는 아니지만 없으면 마음 한구석이 크게 허전해질 정도입니다. 이처럼 커피는 이제 문화의 중요한 한 축으로 자리 잡았다고 해도 과언이 아닙니다. 물론 커피 섭취가 아직은 해로울 수 있는 아동과 청소년은 제외하고요(...).

그런데 커피가 이렇게까지 인기가 많은 게 한편으로는 아이러니하게 느껴지기도 합니다. 커피는 알고 보면 쓴맛과 신맛밖에 안 나는 음식이거든요. 좀 더 정확하게 말씀드리면 커피에서 혀로 느낄 수 있는 맛은 쓴맛과 신맛뿐이랍니다. 사람들이 가장 선호하는 맛인 단맛과 감칠맛은 거의 나지 않죠.

실제로 어린아이들에게 커피를 한 입 주면 이렇게 쓴맛이 나는 음료는 왜 먹는 거냐며 경악(...)하는 일도 흔히 있습니다. 반면 커피를 즐겨 먹는 사람들은 원두 종류에 따른 맛도 구분할 줄 알며, 커피가 맛있다는 말을 즐겨 합니다.

커피를 좋아하는 분들의 혀가 잘못된 건 아닙니다(...). 사실 커피의 맛이 좋다는 말은 향기가 좋다는 말과 같다고 봐도 된답니다. 커피의 풍미는 혀로 느끼는 맛보다는 코로 느껴지는 향기에서 오거든요. 커피를 목으로 넘기는 순간에 느껴지는 커피의 향이 커피의 맛을 더해주는 거지요. 실제로 커피가 쓴맛이 난다며 마시지 않는 사람들은 있어도 커피 향을 싫어하는 사람들은 거의 없습니다.

이처럼 커피는 맛보다는 향 때문에 마시는 음료에 가깝습니다. 그러면 또 다른 의문점이 생기죠. 인류는 왜 커피를 마시기 시작한 걸까요? 혀로 느껴지는 맛이라고는 쓴맛과 신맛뿐인 데다, 많이 마신다고 해서 배가 든든해지는 것도 아닌데 말이죠. 냉정히 생각해서 커피 향이 마음에 들어서였다면 그냥 좋은 향을 풍기는 제품을 만드는 것 정도로도 충분했을 수 있습니다.

인류가 커피를 마시게 된 이유는 커피의 효능과 관련이 있습니다. 알고 계시겠지만 커피를 마시면 피곤하다가도 정신이 번쩍 든다고 하죠. 커피에 들어있는 카페인이라는 물질이 정신 작용제 역할을 하기 때문입니다. 비록 인류는 카페인의 존재는 알지 못했지만, 커피를 마시면 정신이 또렷해진다는 사실만큼은 잘 알고 있었습니다.

누가 처음으로 커피의 이런 효능을 발견했는지는 여러 가지 추측이 있는데요. 가장 잘 알려진 것은 바로 칼디라는 사람의 이야기입니다.

칼디는 염소치기 일을 하던 에티오피아의 평범한 소년이었는데요. 어느 날 자기가 기르는 염소가 어떤 나무의 열매를 먹으면 밤늦게까지 잠을 자지 못한다는 사실을 알게 되었습니다. 칼디는 이 일 이후로 나무 열매를 들고 수도원의 원장을 찾아가서 열매의 효능을 설명했답니다. 하지만 원장은 열매를 불 속으로 집어 던졌습니다(...). 고작 열매 하나가 사람의 정신을 또렷하게 만든다는 게 말이 안 된다고 생각했던 모양이네요.

그런데 이때 열매가 불에 익으면서 좋은 향이 나기 시작했습니다. 원장은 향을 맡고 나서야 이 열매에 호기심이 생겼는지 실험 삼아 열매를 갈아서 물에 녹여 마셔보았는데요. 갑자기 정신이 너무 또렷해져서 밤늦게까지 잠을 잘 수 없었다고 합니다. 정말 칼디의 말대로 열매가 잠을 자지 못하게 하는 효능이 있었던 거지요.

이 일 이후 수도원에서는 수도사들이 밤늦게까지 기도를 할 때 이 열

커피나무의 열매인 원두에는
다량의 카페인이 함유되어 있습니다.

매로 만든 음료를 마시게 되는데요. 이 열매가 바로 커피나무의 열매랍니다. 초기에는 수도사들이 주로 마셨던 음료였지만 16~17세기 이후 유럽의 여러 도시에서 마시기 시작했고 전 세계로 빠르게 퍼져나갔습니다.

그러므로 커피가 지금과 같이 전 세계로 퍼지게 된 데에는 정신 작용제 기능이 제일 컸고, 먹는 데 전혀 거부감이 들지 않는 좋은 향이 다음 이유라고 할 수 있겠습니다. 그리고 19세기에는 커피가 어떻게 정신 작용제 기능을 하는지 궁금해했던 과학자들에 의해 카페인의 존재가 밝혀졌답니다.

이처럼 커피에서 카페인이 차지하는 비중은 대단합니다. 카페인이 없는 커피는 커피라고 할 수 없을 정도로 말이죠. 실제로 사람들이 아침에 커피를 마시고 하루를 시작하는 이유는 피곤함을 달래기 위해서라고 하지요. 최근에는 피곤함을 이기기 위해 커피를 마시는 행위를 '커피수혈(...)'이라 하기도 합니다. 어른과 아이 할 것 없이 대부분의

아데노신...
아데노신 수용체
비켜!!!
히히 못 가!

역시 카페인은
아데노신 수용체의 결합을
방해하는 재주도 좋단 말이야.
천재적이야.

현대인들이 피곤함에 시달리게 되면서 나타난 현상이죠. 다소 안타깝고 씁쓸하게 느껴지기도 하는 대목입니다.

그렇다면 카페인은 어떻게 이렇게 정신 작용제 기능을 하는 걸까요? 커피를 마시다 보면 가끔 궁금해지죠. 이는 체내 물질 중 하나인 아데노신과 관련이 있습니다. 사람은 일상적인 활동을 하다 보면 체내에 아데노신이라는 물질이 계속 형성되는데요. 이 물질이 우리 몸에 축적되면 축적될수록 피로함을 느끼게 됩니다.

그래서 우리 몸은 아데노신을 아데노신 수용체에 결합시켜 분해합니다. 이 과정에서 피로감과 수면 욕구가 생겨 잠들게 되지요. 그런데 몸에 카페인이 들어오면 아데노신이 아데노신 수용체에 결합하는 것을 방해해서 피로감과 수면 욕구를 억제해 버립니다. 카페인과 아데노신의 화학적 구조가 거의 비슷하다 보니 아데노신 수용체에 아데노신 대신 카페인이 결합하면서 벌어지는 일이지요.

문제는 카페인을 섭취해도 수면 욕구만 억제될 뿐이지, 아데노신은 계속 몸에 축적된다는 겁니다. 원래는 아데노신 수용체에 결합해서 분해되어야 할 아데노신이 카페인의 방해로 분해될 수 없기에 일어나는 현상이지요. 그래도 시간이 어느 정도 지나면 카페인이 분해되기 시작하지만, 이때 사람의 몸은 더욱 극심한 피로감에 시달리게 됩니다. 평소보다 더욱 많은 아데노신이 분해되어야 할테니까요.

어찌 보면 카페인 섭취는 지금 당장 몰려오는 수면 욕구와 피로를 나중으로 미루는 행위와 크게 다를 게 없답니다. 그래도 카페인을 적절

한 속도로 분해할 수 있는 사람이라면 크게 문제가 되지는 않습니다. 일시적으로 정신을 또렷하게 하고 집중력을 높이기에는 좋은 물질이죠.

문제는 카페인을 분해하는 속도가 너무 느린 사람들입니다. 누구는 커피를 마신 지 10시간이 지나도 잠을 못 자고, 누구는 커피를 마신 지 1시간이 안 되었어도 바로 잠들죠? 이들 중 커피를 마신 지 오랜 시간이 지나도 잠을 잘 수가 없는 사람들은 카페인을 다른 사람들보다 적게 섭취하는 게 좋답니다. 특히 아동과 청소년들은 카페인을 분해하는 속도가 성인보다 훨씬 느려서 건강에 악영향을 끼칠 수 있습니다. 아동과 청소년들은 커피를 마시지 않는 게 좋다고 하는 이유가 바로 여기에 있지요.

성인들도 마찬가지로 카페인을 과도하게 섭취하면 많은 양의 아데노신이 체내에 오랫동안 남을 수 있어서 좋지 않답니다. 특히 대학생들은 시험공부를 위해 너무 과도한 양의 커피와 카페인을 마시고 밤을 새워가며 공부하기도 하는데요. 시험이 끝나고 나면 그동안 분해되지 못한 아데노신들이 한꺼번에 몰려 분해되면서 엄청난 피로감에 시달리게 됩니다(...).

심하면 잠에 들고 눈을 떴는데 다음 날이 아니고 다다음 날이라서(!) 그 날에 있었던 시험을 못 치르는 불상사가 벌어지기도 하지요. 그러므로 커피는 자신의 몸이 카페인 분해를 얼마나 빨리할 수 있느냐에 따라 적당량을 먹는 게 제일 중요하답니다. 성인의 1일 카페인 권장량은 커피 기준으로 2잔 정도라고 하니 2잔 이상은 마시지 않는 게 제일 좋겠지요. 카페인 분해가 다른 사람들보다 오래 걸린다면 이보다 더 적게 마셔야 하고요.

그런데 커피의 효능이 카페인에만 있을까요? 그렇지 않습니다. 커피 원두에는 카페인 외에도 무려 1000가지가 넘는 성분이 들어있습니다. 과학의 발전으로 커피에 들어있는 성분들의 연구가 이루어지면서 이러한 화합물들이 다양한 효능을 보인다는 사실이 밝혀졌죠. 커피를 적당량을 마실수록 심장병, 당뇨병, 뇌졸중, 우울증, 치매 등의 발병률이 현저하게 낮아진다는 연구 결과들이 대표적입니다. 이러한 질병들은 현대인들이 가장 두려워하는 흔한 질병이라서 최근 커피에 대한 관심이 높아지고 있기도 합니다.

특히 커피는 현대인들의 만성질환으로 불리는 당뇨병의 예방에 큰

커피 원두에는 카페인 외에도
무려 1000가지의 성분이 들어있습니다.

효능이 있습니다. 호주에서는 시민 45만 명을 대상으로 당뇨병 발병 위험 연구를 진행했는데요. 커피를 꾸준히 마시는 사람일수록 당뇨병 발병 위험이 떨어지는 양상을 보였다고 합니다. 특히 하루 커피 권장량인 2잔을 마신 사람은 마시지 않는 사람보다 당뇨병 발병 위험이 무려 40%나 낮았습니다. 심지어는 커피믹스(!)와 같이 설탕이 많이 들어있는 커피도 하루에 2잔 정도 마시면 당뇨병 발병 위험이 27%나 떨어졌다고 합니다.

커피에 들어있는 어떤 성분이 당뇨병 발병 위험을 낮추었는지는 아직 확실하지 않지만, 카페인과 클로로젠산이 직간접적으로 영향을 준 것으로 추정되고 있답니다. 당뇨병은 한국인 사망 원인의 20%가량을 차지하는 질병이니 커피를 즐겨 마시는 것이 좋은 생활습관이 될 수도 있을 거라는 생각이 듭니다. 특히 당뇨병 위험군 분은 더더욱 그럴 것이고요.

커피가 심장병 발병 위험을 낮춘다는 연구들도 인상적입니다. 특히 커피를 마시지 않는 사람들보다 하루에 일정량의 커피를 마신 사람들의 심장마비 사망률이 놀라울 정도로 낮다고 하는데요. 이러한 커피의 효과는 특히 노인들에게 두드러진다고 합니다. 커피를 마시면 심장박동이 빨라지고 가슴이 두근거리다 보니 심장에 좋지 않을 거라 생각하기 쉽지만, 꼭 그렇지는 않은 모양입니다.

급기야 최근에는 커피를 많이 마시는 사람일수록 오래 산다는 연구 결과까지 나왔습니다. 미국에서 시민 40만 명을 추적 조사했는데 커피를 많이 마시는 사람일수록 오래 사는 양상을 보였거든요. 특히 하루에 무려 6잔 이상(!) 마시는 사람들은 커피를 안 마시는 사람들보다 사망률이 현저히 떨어졌다고 하네요.

여기까지만 보면 커피가 무슨 만병통치약처럼 보일 정도인데요(...). 모든 연구가 커피에 우호적인 건 아니랍니다. 커피가 우리 몸에 유해하다는 주장도 있거든요. 커피 원두에 들어있는 아크릴아마이드 때문입니다. 발암물질로 잘 알려진 성분인데요. 커피 원두 자체에는 들어있지 않지만, 원두를 볶는 과정에서 생겨납니다.

하지만 아크릴아마이드는 커피 원두 외에도 고기나 곡물을 구울 때도 쉽게 발생하는 물질인 데다, 커피에 들어있는 양이 아주 적어서 별 위험은 없답니다. 사실 커피에는 암을 예방해주는 성분이 훨씬 많이 들어있어서 암을 생각한다면 오히려 커피를 마시는 게 도움이 될 수도 있습니다(...). 암 예방에 도움이 되는 커피의 대표적인 성분이 바로 폴리페놀이죠. 실제로 국제암연구소에서도 커피가 암의 위험을 줄여준다고 말합니다.

이 글을 읽고서 앞으로 커피를 많이 마셔야겠다고 생각하시는 독자분들이 꽤 생겨날 것 같은데요. 저는 건강 때문에 커피를 억지로 많이 마실 필요는 없다고 말씀드리고 싶습니다. 사실 커피의 효능 연구는 대부분 커피의 어떠한 성분이 어떠한 원리로 일어나는 것인지 명확하게 말하지 못합니다. 확실히 몸에 좋은 성분이라고 밝혀진 것들은 클로로젠산과 폴리페놀 그리고 그 외 몇 가지 정도죠. 게다가 이 성분들이 정말 몸에 좋아도 아크릴아마이드와 마찬가지로 워낙 양이 적어서 효과가 미미할 수 있습니다.

실제로 카페인을 제외하면 연구내용이 대부분 통계적인 결과에 중점을 두고 있습니다. 커피를 많이 마신 사람들의 심장병 발병 위험이 낮다는 식이죠. 커피에 들어있는 어떠한 성분들이 어떻게 심장병 발병 위험을 낮추는지는 보다 자세한 연구가 필요합니다. 커피에는 1000가지 이상의 성분이 서로 복합적으로 작용하는 복잡한 식품이다 보니(...) 건강에 미치는 영향을 명확히 파악하기가 쉽지 않답니다. 1000가지 이상의 성분들이 모두 우리 몸에 좋을 거라는 보장도 없고요.

분명히 이 1000가지 이상의 성분 중 우리 몸에 좋은 성분도 있지만 해로운 성분도 몇 가지 있을 겁니다. 아크릴아마이드도 소량이지만 그 중 하나이고요. 특정 질병을 앓고 있는 사람들에게만 특이적으로 해로운 성분도 있겠지요.

가끔 언론기사를 보면 어떤 기사는 커피가 건강에 좋은 식품이라 말하고, 다른 기사는 커피가 건강에 나쁜 식품이라고 말합니다. 물론 이 상반된 두 기사의 내용 모두 틀린 내용이라고 할 수 없습니다. 둘 다 나름의 합당하고 논리적인 근거가 있으니까요. 하지만 커피를 소비하는 사람들은 이런 기사들을 접할 때마다 당황스러울 수밖에 없습니다. 아마 우리 인류가 먹는 식품 중 커피만큼 효능 논란이 많은 식품은 없지 않을까 싶네요.

걸핏하면 오락가락하는(...) 건강정보에 휘둘리실 필요는 없습니다. 커피는 우리 인류가 평소에 즐겨 먹는 다른 음식들과 마찬가지로 최소 몇백 년간 먹어 온 식품입니다. 이것만으로 음식으로서의 검증은 충분히 이루어졌습니다. 그러므로 건강을 떠나서 스스로가 커피를 좋아한다면 마시고 싶은 만큼만 적당히 마시면 그걸로 충분합니다. 커피는 맛과 향을 즐기기 위해 마시는 것이지, 건강을 위해 마시는 약이 아니니까요.

과학의 절망편 : 커피가 2080년 멸종한다?

시장조사업체 모도 인텔리전스에 따르면 2020년 전 세계 커피 시장의 규모는 550조 원이었는데요. 2024년이 되면 600조 원으로 증가할 것으로 예상되고 있습니다. 전 세계에서 커피를 마시는 사람이 점점 많아진다는 의미죠.

문제는 커피 소비량이 점점 늘고 있음에도, 지구온난화로 인해 커피 수확량이 점점 감소할 거라는 사실입니다. 실제로 전 세계 1위 커피 생산국인 브라질은 2010년대 이후로 커피 수확량이 무서운 속도로 감소하고 있습니다. 호주 기후학회도 2080년이 되면 커피가 지구상에 완전히 멸종할 것이라는 절망적인 연구 결과를 발표했죠.

독자분들이 모르는 사실이지만, 커피나무는 15~24도의 시원한 기후에 비가 많이 내리는 지역에서만 잘 자라고, 온도가 높은 지역에서는 병충해를 입기 쉬워서 주로 고지대에서 재배합니다. 실제로 전 커피나무는 브라질, 콜롬비아, 베트남, 에티오피아 등 적도 부근의 시원한 고지대에서 주로 자라지요.

이런 상황에서 지구온난화로 지구의 평균온도가 상승하면 고온의 환경에서 활동하는 커피의 전염병인 녹병이 증가하고, 고지대에서는 가뭄 발생량이 증가해 커피가 자랄 수 없게 됩니다. 실제로 2014년 브라질이 극심한 가뭄을 겪으면서 전 세계 원두값과 커피값이 엄청나게 상

지구온난화가 이대로 지속되면
커피는 곧 멸종할 것입니다.

승했죠. 앞으로 이런 일은 점점 자주 벌어질 겁니다.

이런 상황에서 과연 우리가 2080년 즈음이 되어서도 커피를 즐겨 마실 수 있을까요? 다행히도 세포 배양으로 커피를 생산하려는 시도가 과학자들 사이에서 이루어지고 있습니다. 아마 우리가 먹는 모든 커피는 곧 실험실에서 생산되어 머그잔에 담겨 나오게 될 겁니다. 삼림을 없애서 커피 재배지를 늘리거나 농약을 사용할 필요도 없으니 더 친환경적이겠지요.

앞으로도 커피를 계속 마실 수 있다고 안도하지는 마시기 바랍니다. 지구온난화로 인해 나무 한 종이, 그것도 인류의 역사에서 계속 존재해 왔던 커피나무가 이렇게 갑작스럽게 멸종한다는 것부터가 지구온난화가 그만큼 심각하다는 의미니까요.

2장. 일단 있긴 한데, 왜 있는 건지는 잘 모르겠어!

10

절대 썩지 않고 튼튼하지만,
그래서 문제!

플라스틱

이제 우리가 사용하는 제품에 플라스틱을 빼놓기란 불가능할 정도로 플라스틱은 우리의 삶 속에 깊숙이 들어와 버렸습니다. 사람들은 왜 그토록 플라스틱에 열광하는 걸까요? 플라스틱이 환경오염에 치명적이라면 플라스틱 대신에 다른 소재를 사용하면 되는 거 아닐까요?

> 자연에 등을 돌리는 것은
> 결국 우리 행복에서 등을 돌리는 것과 같다.
> - 사무엘 존슨 (영국의 시인) -

플라스틱은 석유로부터 추출한 나프타로 만든 고분자 혼합물을 말합니다. 열과 압력을 이용하면 원하는 모양으로 마음껏 만들 수 있는 데다가 내구성도 좋아서 20세기 인류 최고의 발명품으로 주목받았죠. 지금도 엄청 많이 사용되고 있습니다. 오죽하면 농담 반 진담 반으로 인류가 석기시대와 철기시대를 거쳐서 지금은 플라스틱 시대에 살고 있다는 말도 있을 정도랍니다.

우리의 일상이 얼마나 플라스틱에 둘러싸여 있는지 살펴볼까요? 사람들은 대부분 아침에 일어나면 가장 먼저 이빨을 닦고 세수를 하면서 하루를 시작하는데요. 이때부터 플라스틱과 함께하는 일상이 시작됩니다. 칫솔과 치약도 플라스틱으로 만들어져 있고, 세수할 때 쓰는 폼클렌저도 플라스틱이거든요.

씻은 후 아침 식사를 할 때도 마찬가지입니다. 일단 냉장고부터가 플라스틱으로 만들어졌으며, 각종 반찬통과 물통도 모두 플라스틱이랍니다. 그 외에 컴퓨터와 스마트폰에도 상당한 양의 플라스틱이 들어있고, 우리가 매일 입는 옷도 폴리에스테르와 같은 미세 플라스틱 섬유로 만들어졌습니다.

결국에는 손을 뻗으면 닿는 모든 물체부터 시작해서 우리 몸에 걸친

것들까지 전부 플라스틱인 셈입니다. 아마 우리 주변에 있는 제품 중에서 플라스틱이 없는 걸 찾아보자면 먹을 수 있는 음식 정도일 겁니다. 만약 지구상에 갑자기 플라스틱이 사라진다면 집에 있는 가전제품들은 뼈만 앙상하게 남을 것이고, 매일 아침 제대로 씻을 수도 없게 될 것이고, 탄력성이 좋은 옷도 입을 수 없게 될 것입니다.

우리 인류가 이렇게 엄청난 양의 플라스틱을 사용하면서, 최초의 플라스틱이 사용된 이후부터 2017년까지 지구상에 무려 83억 톤에 달하는 플라스틱이 생산되었습니다. 인류가 플라스틱을 사용한 지 100년이 조금 넘었다는 걸 생각해보면 대단한 양입니다. 전 세계 인구의 무게가 약 3억 톤(...) 정도 되니까 인류는 약 100년 동안 본인들 무게의 20~30배에 달하는 플라스틱을 생산해온 거지요.

이쯤 되면 그만 만들어도 되지 않나(?) 싶은데요. 안타깝게도 플라스틱 사용량은 도저히 줄어들 기미가 보이지 않습니다. 2050년이면

2017년의 4배에 달하는 340억 톤의 플라스틱이 생산될 것으로 예상되고 있죠. 이쯤 되면 지구는 플라스틱으로 뒤덮인 행성이나 다름없을 겁니다. 유엔에서도 만약 사람들이 지금과 같이 플라스틱을 사용한다면 2050년에는 바다에 물고기보다 플라스틱이 더 많아질 거라고 경고했습니다.

독자 여러분은 플라스틱이 왜 문제가 되는지 알고 계신가요? 너무 내구성이 좋고 튼튼하기 때문입니다. 플라스틱을 땅에 100년간 묻어도 아무런 변형 없이 원상태 그대로 남아있을 정도라고 하니 말 다 했죠. 그런데 사실 이건 플라스틱의 가장 큰 장점이기도 합니다. 사람들이 플라스틱을 사용하는 이유는 높은 내구성과 튼튼함 때문이니까요. 플라스틱의 특징이 사용할 때는 큰 장점이 되면서도, 버려지고 나면 큰 문제가 되는 셈입니다.

만약 이렇게 내구성이 좋고 튼튼한 플라스틱이 지구상 어딘가에 버려지면 어떤 문제가 생길까요? 동물들이 플라스틱을 먹이라고 착각하

우리가 사용한 플라스틱은 결국
지구 어딘가로 버려지게 되어 있습니다.

고 먹거나, 심하면 플라스틱을 계속 먹어서 배가 부르다고 착각하다가 영양실조로 죽을 수도 있습니다. 그 외에도 플라스틱이 몸에 걸려 체형이 기형적으로 변하기도 한답니다. 특히 바다에서 이런 일이 심각하게 벌어지고 있죠. 플라스틱을 먹고 죽은 해양생물의 배를 갈라보면 처참하다 못해 끔찍하게 느껴질 정도입니다.

미세 플라스틱 문제도 무시할 수 없는 수준입니다. 바다에 도달한 플라스틱 쓰레기는 바람과 파도에 의해 아주 작은 크기의 미세 플라스틱이 되는데요. 바다에 사는 동물들이 먹기 딱 좋은 크기입니다. 특히 어린 물고기들은 이런 작은 미세 플라스틱을 생각보다 꽤 잘 먹습니다. 바다에 사는 어린 물고기들은 원래 플랑크톤을 섭취하며 쑥쑥 커야 하는데 최근에는 플라스틱을 더 많이 먹는다고 합니다.

그리고 우리는 잘 눈치채지 못하고 있지만 우리의 식탁에 오르는 각종 해산물에도 미세 플라스틱이 포함되어 있습니다. 먹이 사슬의 연쇄

고리를 따라 계속 쌓이고 쌓이다가 결국 먹이 사슬의 맨 꼭대기인 사람에까지 이르게 되는 거지요. 이처럼 인류는 플라스틱으로 좀 더 풍족한 삶을 누릴 수 있게 되었지만 그 대가로 플라스틱으로 가득 뒤덮일 예정인(...) 지구에서 미세 플라스틱을 섭취하며 살아갈 수밖에 없게 되었습니다.

그래도 전 세계의 지도자들과 과학자들이 지구가 플라스틱으로 뒤덮인 행성이 되어가는 걸 구경만 하고 있는 건 아닙니다. 꽤 많은 나라에서 플라스틱 재활용 및 분리수거 정책을 실시하고 있거든요.

하지만 버려지는 플라스틱 중에서 재활용되는 플라스틱들은 10%도 되지 않아서 실질적으로 도움이 되지는 않습니다. 플라스틱을 재활용하려면 많은 인력이 필요하고, 재활용으로 만들어진 플라스틱은 품질이 떨어지거든요. 플라스틱 제품을 생산하는 기업 입장에서는 플라스틱을 재활용하는 것보다 새로운 플라스틱을 만들어 판매하는 게 더 이득이랍니다.

플라스틱을 다른 소재로 대체하는 것도 좋은 방법이 될 수 있는데요. 실제로 전 세계의 기업들이 플라스틱을 종이나 바이오 플라스틱 등으로 대체하려는 시도를 꾸준히 해 왔습니다. 세계적인 카페 체인점인 스타벅스는 플라스틱 빨대 대신에 종이 빨대를 사용하기도 했죠. 하지만 플라스틱을 다른 소재로 대체하는 건 근본적인 해결책이 될 수 없다는 결론이 났습니다.

왜냐고요? 종이부터 살펴봅시다. 종이는 자연에서 금방 분해되기 때문에 친환경 소재로 알려져 있는데요. 나무로부터 만들어지는 소재이기에 플라스틱을 대체한다면 지금보다 훨씬 많은 나무를 벌목해야 합니다. 이미 종이 생산을 위해 지구상의 삼림들이 점점 사라져가고 있는데 플라스틱마저도 종이로 대체한다면 큰일이 나겠죠.

무엇보다 이게 더더욱 불가능한 이유는 플라스틱이 애초에 종이를 대체하는 소재로 만들어졌기 때문입니다(...). 한때 인류가 목재를 지금보다 훨씬 많이 사용했던 적이 있습니다. 하지만 시간이 지나 플라스틱이 목재를 대체하면서 삼림 파괴가 줄어들었죠. 그러므로 플라스틱을 종이로 대체한다는 건 다시 어마어마한 수준의 삼림 파괴를 감수하며 과거로 돌아가자는 말과도 같습니다.

바이오 플라스틱도 종이와 비슷한 이유로 사용이 어렵습니다. 바이오 플라스틱은 생물을 원료로 제조되는 플라스틱이라서 생분해가 이루어질 수 있고 퇴비로도 사용할 수 있어서 좋아 보이기는 하는데요. 바이오 플라스틱의 제작에 사용되는 원료가 사람이 먹는 농작물이라는 것이 문제입니다.

바이오 플라스틱을 기존의 플라스틱을 대체할 만큼 생산하려면 삼림을 개간하여 더욱 많은 농작물을 생산해야 합니다. 말이 개간이지(...) 삼림을 파괴하라는 의미라서 친환경적이라고 보기 어렵습니다. 게다가 바이오 플라스틱은 쉽게 분해되는 만큼 내구성과 튼튼함이 기존의 플라스틱보다 훨씬 떨어집니다.

이런 이유로 기업들은 바이오 플라스틱을 일부 산업 분야에서만 제한적으로 사용하고 있습니다. 기존의 플라스틱에 약간만 섞어서 사용하는 등의 방법으로 말이죠.

그런데 분해가 쉽게 이루어지는 바이오 플라스틱을 플라스틱이라고 할 수 있을까요? 인류가 플라스틱에 그토록 열광하는 이유는 바로 높은 내구성과 튼튼함 때문입니다. 만약 반찬통과 상하수도관의 소재로 바이오 플라스틱처럼 분해가 쉽게 이루어지는 플라스틱을 쓴다면 반찬통은 비위생적인 식기가 될 것이고 상하수도관은 얼마 지나지 않아 부패할 것입니다. 플라스틱의 효용성이 전혀 없죠.

그렇다고 해서 플라스틱을 대체할 내구성이 높고 튼튼한 소재를 만들어도 문제가 해결되지는 않습니다. 기존의 플라스틱과 마찬가지로 나중에 버려지면 분해되지 않아서 환경문제를 일으킬 테니까요. 플라스틱을 대체할 소재들이 아무리 많이 등장해도 대체 소재들이 높은 내구성을 가지고 있고 튼튼하다면 아무 의미가 없다는 뜻입니다.

결국 플라스틱 문제는 재활용으로도, 대체 소재의 개발로도 해결되지 않습니다. 지금 우리가 플라스틱 문제를 해결할 수 있는 방법은 하나뿐입니다. 플라스틱 사용을 최대한 줄이는 거죠. 이미 플라스틱이 우리의 일상 속으로 깊이 들어와서 쉽지는 않은데요. 최근 들어 사람들이 플라스틱 쓰레기로 고통받는 동물들을 보거나 미세 플라스틱의 위험성을 알게 되면서 플라스틱 사용을 줄이려는 움직임이 점점 활발해지고 있는 거 같아 다행이라고 생각합니다.

하지만 개인의 노력만으로는 부족합니다. 기업들도 제품 포장재의 사용량을 최소한으로 줄여 플라스틱 쓰레기의 양을 줄여야 합니다. 비닐이나 페트병처럼 한 번 쓰고 버리는 포장재에서 제일 많은 양의 플라스틱이 사용되거든요. 그리고 쓰고 남은 플라스틱을 한 번 더 사용하는 시스템도 도입해야 할 것입니다. 처음에 플라스틱 포장재를 만들 때 재활용성을 높여서 재활용품의 품질을 높이는 것도 좋은 방법이겠지요.

플라스틱 사용을 줄이는 것 말고 다른 획기적인 해결 방법은 없냐고요? 다행이도 있습니다. 바로 플라스틱을 분해할 수 있는 동물이나 미생물을 찾아내는 것입니다. 여러분은 혹시 플라스틱을 분해하는 곤충이 발견되었다는 소식을 들어보셨나요? 왁스웜이 그런 곤충의 일종이랍니다.

어쩌면 밀웜과 왁스웜이
플라스틱으로 뒤덮인 지구를 구하는
구원투수(?)가 될지도 모릅니다.

왁스웜은 귀뚜라미, 밀웜과 함께 반려동물을 키우는 사람들이 생먹이로 많이들 사용하는데요. 왁스웜의 장 안에 사는 박테리아가 플라스틱의 일종인 폴리에틸렌을 분해하는 물질을 만든다고 합니다. 그냥 분해도 아니고 폴리에틸렌 성분이 아예 남지 않았을 정도로 완벽하게 분해했다고 해요.

심지어는 왁스웜에게 폴리에틸렌 외에 아무런 먹이도 주지 않아도 1년 넘게 생존했다고 합니다. 만약 왁스웜의 장 안에 있는 박테리아가 분비하는 물질이 어떠한 원리로 스티로폼을 분해하는지 밝혀진다면 플라스틱 쓰레기 문제를 해결할 수 있게 될 것입니다. 물질의 정체를 밝혀내고 인공적으로 합성할 수 있게 되면 이 물질로 플라스틱을 분해하면 되니까요.

왁스웜 뿐만이 아닙니다. 얼마 지나지 않아 밀웜도 플라스틱의 일종인 스티로폼을 분해한다는 사실이 밝혀졌습니다. 우리나라에서는 밀웜을 반려동물의 생먹이로 많이 사용하는데요. 그동안 밀웜을 먹이로 사용해 왔던 사람들이 신기해하며 인터넷 커뮤니티에서 크게 화제가

폴리에틸렌과
스티로폼의 분해는
맡겨만 주라고~

되기도 했답니다. 아마 앞으로도 왁스웜과 밀웜 외에 플라스틱을 분해할 수 있는 새로운 생물들이 꾸준히 밝혀질 겁니다.

물론 그렇다고 해서 '어차피 언젠간 플라스틱을 분해할 수 있게 되겠지'라는 생각으로 플라스틱을 함부로 사용하지는 않았으면 좋겠습니다(...). 아무리 훌륭한 플라스틱 분해 기술이 나온다고 해도 이미 지구에 쌓여 버린 최소 83억 톤의 플라스틱을 단숨에 분해할 수는 없을 테니까요. 아마 우리가 생각하는 것보다 훨씬 오랜 시간이 걸릴 겁니다. 83억 톤이 전 세계 인구 무게의 20~30배라는 걸 생각해보면 충분히 납득하실 수 있으리라 생각합니다.

지금 우리가 할 수 있는 최선은 플라스틱 사용을 최소한으로 줄여서 다음 세대의 부담을 줄이는 겁니다. 우리 세대가 플라스틱 쓰레기에 대한 책임을 다음 세대로 떠넘겨 버린 무책임한 세대가 되지는 않았으면 좋겠습니다.

과학의 파멸편 : 미세플라스틱의 심각성

미세플라스틱이란 1~5mm 미만의 작은 플라스틱을 말합니다. 버려진 플라스틱이 물리적 충격이나 태양광 분해로 부서지면서 만들어지지요. 치약이나 세안용품, 화장품, 섬유유연제는 아예 미세플라스틱이 첨가되어 출시되기도 한답니다. 작은 건 어찌나 작은지 육안으로는 볼 수 없고, 바닷물을 여과지에 거르고 적외선 분광기로 분석해야 간신히 살펴볼 수 있을 정도지요.

전 세계의 과학자들은 미세플라스틱이 지구상 곳곳에 버려졌으며, 우리가 즐겨 먹는 작물과 해산물에도 미세플라스틱이 침투해 있을 것으로 보고 있습니다. 이건 달리 말하면 우리가 우리도 모르는 사이에 꽤 많은 양의 미세플라스틱을 섭취하고 있다는 의미입니다.

실제로 세계자연기금(WWF)에 따르면 한 사람이 한 해에 삼키는 미세플라스틱의 양은 무려 250g에 달하는 것으로 알려져 있습니다. 주로 물을 마실 때 함께 섭취하며, 그 외에도 갑각류, 소금, 맥주를 먹을 때에도 섭취한다고 해요.

특히 우리나라는 미세플라스틱 문제가 굉장히 심각합니다. 플라스틱 사용량이 높기 때문이죠. 어느 정도냐면, 한반도 인근 서해안의 미세플라스틱 농도는 전 세계에서 2번째로 높습니다. 3번째로 미세플라스틱 농도가 높은 지역도 낙동강 하류였습니다(...).

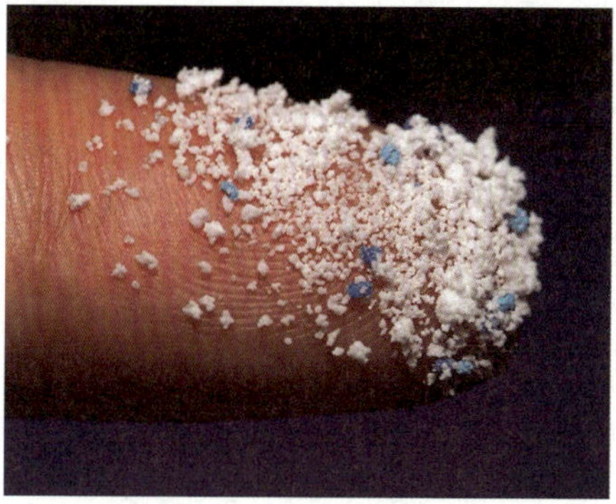

한 사람이 한 해에 삼키는
미세플라스틱의 양은
무려 250g이나 됩니다.

현재 가장 큰 문제는 미세플라스틱이 동물이나 인체에 얼마나 유해한지 모른다는 것입니다. 플라스틱이 워낙 튼튼한 소재라 아무 문제도 일으키지 않고 몸 밖으로 배출된다는 주장도 있지만, 세포막을 통과할 수 있을 정도로 매우 작은 미세플라스틱은 세포 안에서 문제를 일으킬 거라는 주장도 있거든요. 이로 인해 사람들의 공포심은 점점 극에 달하고 있습니다.

미세플라스틱의 배출을 규제하고 싶어도, 어떠한 종류의 플라스틱이 지구상에 미세플라스틱으로 잔류하는지 알 수가 없어 규제안을 마련하기도 불가능한 상황입니다. 마치 자연이 플라스틱 오염을 일으킨 인류에게 '미세플라스틱 공포'라는 가혹한 처벌을 내린 듯합니다. 지금 이 순간에도 우리 몸 속으로 침투하고 있는 미세플라스틱이 나중에 우리 몸에 어떤 문제를 일으킬지 두고 볼 일입니다.

11

냄새가 매력적이라고?
사람의 후각은 생각보다 중요하다!

사람의 냄새

혹시 살면서 한 번쯤 누군가의 냄새를 맡아보고 매력적이라고 느껴졌거나 기분이 좋아졌던 적 있나요? 사실 후각은 우리 사람들에게 있어 생각보다 꽤 중요한 감각입니다. 냄새는 상대방의 매력을 판단하는 척도가 되며, 심지어는 상대방이 가진 유전자가 자신과 얼마나 다른지도 알 수 있거든요.

냄새는 수천 마일 밖과 그동안 살아온 모든 세월을 가로질러
당신을 실어 나르는 강력한 마법사다.
- 헬렌 켈러 (미국의 사회사업가) -

사람에게는 시각, 청각, 후각, 미각, 촉각의 5가지 감각이 있습니다. 여러분은 이 5가지 감각 중에서 가장 중요한 감각을 하나만 꼽자면 뭐라고 생각하시나요? 아마 대부분 시각이 가장 중요하다고 말씀하실 겁니다. 실제로 우리는 눈으로 볼 수 없으면 할 수 있는 일이 아무것도 없습니다. 인체의 감각 수용체들도 자그마치 70%가 눈에 분포되어 있죠. 그래서 우리는 가상현실을 구현할 때 눈에 HMD를 착용합니다. HMD는 고작 눈에 보이는 것만 다르게 하는 장치임에도 불구하고 눈에 보이는 가상현실이 실제 현실처럼 느껴지죠.

반면 후각은 시각에 비하면 하찮게 느껴지기 쉬운 감각입니다. 실제로 우리 사람들은 진화하는 과정에서 후각 수용체들이 많이 줄어들었죠. 그래서 사람은 다른 동물들에 비해 후각이 좋지 않습니다. 가상현실을 구현할 때에도 냄새까지 활용하는 경우는 아직 많지 않죠. 상황이 이렇다 보니 후각이나 냄새는 꽤 오랫동안 중요성이 인식되지 못했습니다.

18세기 이전에는 후각이 사람의 5가지 감각 중에서 가장 지저분(...)한 것으로 인식되어 있기도 했습니다. 당장 우리만 봐도 일상 속에서 너무 독한 냄새를 맡을 때에는 차라리 후각이 없었으면 좋겠다(...)는

생각을 할 정도니까 후각이 얼마나 천대받아온 감각인지 알 수 있지요.

하지만 사람의 후각은 생각보다 꽤, 상당히 중요합니다. 우리가 미처 인식하지 못할 뿐이지 우리는 일상 속에서 후각의 영향을 상당히 많이 받고 있거든요. 후각이 특히 중요할 때가 바로 누군가와 사랑을 할 때입니다. 다소 변태(!) 같기도 하지만, 남자와 여자는 모두 후각으로 상대방에게 나는 냄새를 맡으면서 자신에게 잘 맞고 매력적인 사람인지 아닌지를 판단합니다.

사람에게서 나는 냄새라 하면 대부분의 사람들은 불쾌감을 표현하는데요. 사람에게서 나는 냄새를 좋지 않은 냄새, 구린 냄새 정도로만 생각하는 것은 큰 오산이랍니다. 누군가에게는 정말 좋은 냄새가 될 수 있거든요. 여러분들 몸에서 나는 냄새도 마찬가지고요.

후각의 중요성을 알 수 있는 좋은 사례가 하나 있습니다. 간혹 연애 중인 여성분들 중에서 남자친구가 자신의 머리 쪽 정수리 냄새를 맡으려고 해서 당혹스럽다고 하는 경우가 있습니다. 실제로 연애 관련 상담을 할 때 꽤 많이 들어오는 질문이기도 합니다. 남자친구가 뭐 나쁜 행위를 하는 것도 아니고 그냥 냄새를 맡겠다는데 하지 말라고 할 수도 없는 상황이다 보니 여자친구는 이 상황에서 곤란하다고 느낄 만하죠. 남자친구가 혹시 변태(!)는 아닐지 오해하기도 합니다.

혹시 연애 경험이 있는 여성 분들 중에서도 남자친구가 자꾸 정수리 냄새를 맡으려고 해서 고민이 있으셨던 적이 있나요? 아니면 혹시 연애 경험이 있는 남성 분들이 그러시지는 않으셨나요? 왜 남자친구는 여자친구의 정수리 냄새를 맡는 걸까요?

모든 사람에게는 냄새로 상대방이 자신에게 유전적으로 맞는 사람인지, 아닌지 판단하려는 본성이 있습니다. 물론 우리도 미처 인지하지 못하는 사이에 말이에요. 사실 남자친구가 여자친구의 정수리 냄새를 맡는 이유는 단순히 여자친구의 냄새가 좋아서일 뿐만 아니라 자신

남자친구가 자꾸
여자친구의 정수리 냄새를
맡는 이유는 뭘까요?

에게 유전적으로 잘 맞는 사람이기 때문입니다. 사람은 상대가 보유한 MHC 유전자가 자신과 다를수록 그 사람의 냄새를 매력적이라고 느끼는 경향이 있거든요.

여기서 MHC는 면역반응을 담당하는 유전자 집합(MHC, Major histocompatibility complex)을 말합니다. 그러니까 쉽게 말하면, 상대방의 면역 관련 유전자가 자신과 다르면 다를수록 상대방을 매력적으로 느끼게 되는 것입니다. 특히 정수리 부분은 모자를 썼을 때만 아니라면 냄새를 쉽게 맡을 수 있는 부위라서 MHC 유전자의 정보를 파악하기가 제일 좋답니다. 정수리는 털이 나는 부위라서 땀이 잘 날 뿐 아니라, 두피가 바깥으로 드러나서 몸 냄새를 맡기 가장 좋은 부위거든요. 물론 정수리 외에 겨드랑이, 사타구니 등에서도 냄새를 맡을 수는 있기는 하지만 일상생활 속에서 이 부위의 냄새를 맡기에는 다소 부적절하죠(...).

그렇다면 왜 상대방의 MHC 유전자가 다를수록 매력적으로 느끼는 걸까요? 이것은 건강한 자녀를 출산하려는 사람의 본성과 관련이 있습니다. 이왕이면 두 사람에게서 출산하게 될 자녀가 다양한 병균과 바이러스들에게 면역력을 갖추고 있는 게 생존에 훨씬 유리합니다. 모든 사람들은 태어나는 순간부터 주변에 있는 세균과 바이러스의 위협을 받으며 살아가야 하니까요.

MHC 유전자가 다른 사람들끼리 만난 태어난 아이는 엄마의 MHC 유전자와 아빠의 MHC 유전자를 골고루 받아서 튼튼한 면역계를 바탕으로 더욱 많은 병균과 바이러스에 대처할 수 있습니다. 이런 아이는 건강하겠죠. 면역력이 가장 약하다는 어린 나이에 죽을 가능성도 훨씬 낮고요.

그러므로 남자친구가 여자친구의 정수리 냄새를 맡는 것은 남자친구가 여자친구를 정말 사랑하고 있을 뿐 아니라 매력적인 사람으로 느끼고 있다는 의미로 받아들여도 됩니다. 둘이 생물학적으로 잘 맞는다는 의미로 볼 수도 있겠지요. 지금까지 서로 반대인 사람일수록 서로를 더 매력적으로 느끼고 끌린다는 속설이 있었는데, 이게 과학적으로 밝혀진 거지요.

비슷한 사람끼리 연애를 하는 게 자녀에게 얼마나 좋지 않은지는 근친상간의 사례에서 알 수 있습니다. 친족 사이, 그러니까 서로 유전자가 거의 비슷한 사람들 사이에서 나온 자녀는 건강하지 않거나 기형이 태어나기 쉽습니다. 많은 나라에서 근친상간을 금지하는 이유가 바로 여기에 있지요.

하지만 불과 몇백 년 전만 하더라도 꽤 많은 전 세계의 왕족들이 서로 근친상간을 했다가 유전병을 앓기도 하고 심지어는 세대가 끊어지기도 했습니다. 이건 우리나라의 역사를 봐도 알 수 있답니다. 당장 신라 왕족만 봐도 당시 왕족 혈통이었던 성골의 대가 끊어지는 일을 경험했죠.

그리고 다소 안타까운 사실이지만 아마 이들 왕족은 결혼하는 상대방에게 그리 큰 성적 매력을 느끼지 못했을 가능성이 높습니다. 하지만 왕족끼리 결혼을 하는 게 당연하게 여겨지던 시대였으니 어쩔 수가 없었겠죠. 이처럼 냄새를 통해서 상대방의 MHC 유전자를 파악하려는 사람의 본성은 비슷한 사람들이 서로 만나서 자녀를 낳는 일이 계속되어 세대가 끊기는 일이 벌어지지 않도록 진화한 거라고 할 수 있습니다.

더욱 흥미로운 사실은 시기에 따라서 여성의 냄새가 남성들에게 조금씩 다르게 느껴진다는 것입니다. 특히 남성들에게 여성의 냄새가 가장 좋아지는 시기가 바로 임신 가능성이 높아지는 시기, 즉 배란기랍니다. 남성이 배란기 여성의 냄새를 맡으면 남성 호르몬인 테스토스테론의 분비량이 급격하게 늘어난다고 해요. 그리고 증가한 테스토스테론은 여성을 더욱 매력적으로 보이게 만들어 준답니다.

이처럼 남성은 냄새로 여성이 배란기인지 아닌지도 파악할 수 있습니다. 그래서 정말 좋아하는 사람과의 소개팅을 앞둔 여성 분이라면

일부러 배란기에 약속을 잡는 것도 좋은 방법입니다. 남성에게 더욱 매력적으로 보일 수 있는 시기니까요.

제가 여성의 냄새를 맡는 남성(...) 이야기만 너무 한 거 같은데요. 여성들도 마찬가지랍니다. 여성들도 남성들처럼 냄새를 통해 상대방의 MHC 유전자가 본인과 얼마나 다른지를 알 수 있지요.

사실 여성은 여기서 다가 아닙니다. 여자들은 남자들보다 더욱 민감한 후각을 가지고 있어서 냄새로 더욱 많은 정보를 얻을 수 있거든요. 실제로 냄새에 민감하게 반응하는 정도에 있어서 남성과 여성은 확연하게 큰 차이를 보입니다. 덕분에 여성은 냄새만으로 그 남성이 잘생겼는지 아닌지까지도(!) 파악할 수 있죠. 좋은 냄새가 나는 사람일수록 얼굴이 잘생겼다고 해요.

이와 관련된 재미있는 실험도 있습니다. 뉴멕시코 대학교의 교수인

사람들은 좌우대칭의 얼굴을
잘생겼다고 느낍니다.

스티븐 갱스테드는 자신의 연구실에 젊은 남성들을 불러모아 티셔츠를 하나씩 나눠주고 앞으로 이틀 동안 티셔츠를 잠옷으로 입고 가져다 달라고 했습니다. 몸 냄새가 티셔츠에 고스란히 남도록 빨래도 하지 말고 그대로 말이에요. 갱스테드는 이렇게 남성들의 몸 냄새가 묻은 티셔츠를 모았습니다.

그 다음에는 자신의 연구실에 여성들을 불러모아 티셔츠의 냄새를 맡게 하고 냄새가 얼마나 좋은지 평가하게 했습니다. 이렇게 얻은 여성들의 평가 결과를 바탕으로 여성들이 좋은 냄새로 느끼는 남성들의 외모를 분석했는데요. 얼굴이 좌우대칭인 남자에게서 나는 냄새를 더욱 좋다고 느꼈다고 합니다.

얼굴이 좌우대칭인 거랑 얼굴이 잘생긴 게 무슨 상관이냐고요? 사실 쉽게 인지하기가 어렵기는 한데요. 사람들은 얼굴의 좌우대칭이 뚜렷한 사람들을 잘생겼다고 느낀답니다. 이 말은 즉, 여성들이 냄새만으로 얼굴이 잘생긴 남성을 파악했다는 말이 됩니다.

하지만 모든 여성들이 이런 게 가능한 것은 아니었습니다. 배란기가 아닌 여성은 얼굴이 좌우대칭인 남자와 아닌 남자들 모두 냄새 평가에서 비슷한 점수를 줬거든요. 오직 배란기 여성만이 얼굴이 좌우대칭인 남성에게 냄새 평가에서 좋은 점수를 줬다고 합니다. 여성은 배란기가 되면 냄새만으로 남성의 잘생긴 정도를 파악하는 능력이 생긴다는 것을 갱스테드 교수님이 증명한 거죠.

여성의 냄새 파악 능력(?)은 여기에서 다가 아닙니다. 여성들은 냄새만으로 남성이 평소에 뭘 먹는지도 알 수 있거든요. 여자들은 야채와 과일을 평소에 많이 먹는 남성의 냄새를 더욱 매력적으로 느끼기 때문이죠. 실제로 호주 맥쿼리 대학교의 이안 스테판 교수는 평소에 과일과 야채를 많이 먹은 남성의 냄새가 여성들에게 매력적이라는 사실을 밝혀냈습니다. 일부 여성은 꽃이나 과일 같은 달콤한 향이 난다며 호감을 표현하기도 했지요.

반면에 빵, 감자, 파스타와 같이 탄수화물이 많이 들어간 음식을 많

채소와 과일을 많이 먹은 사람에게는
좋은 냄새가 난다고 합니다.

이 먹은 남성의 냄새에는 그다지 매력을 느끼지 못했습니다. 매력을 느끼지 못한 것도 모자라서 불쾌한 냄새가 났다는 여성도 상당수 있었죠(!). 평소에 탄수화물을 즐겨 먹는 남성들의 냄새는 고기, 달걀, 두부를 많이 먹는 남성의 냄새보다도 훨씬 나빴다고 합니다. 고작 먹는 음식이 다른 것뿐인데 냄새가 이렇게 극단적으로 차이가 난다는 거지요. 좋은 식습관은 본인의 건강을 위해서도 중요하지만, 연애에서도 중요하다는 것을 잘 보여준 실험이랍니다(...).

최근 밝혀진 연구들도 흥미롭고 재미있는데요. 여성은 사랑하는 남성의 냄새를 맡으면 기분이 편안해지고 긴장이 풀릴 뿐 아니라 스트레스까지 사라진다고 합니다. 특히 스트레스 호르몬의 일종인 코르티솔의 분비량 차이는 놀라울 정도랍니다. 이런 게 가능한 이유는 사랑하는 사람의 냄새가 그 사람과 행복했던 순간을 떠올리게 해주기 때문입니다. 뇌에서 후각을 담당하는 부분은 감정을 담당하는 부분과 아주 가까운데요. 덕분에 사랑하는 사람의 냄새를 맡는 것만으로 그때의 감정을 느낄 수 있다고 합니다.

그래서 여성 분들 중에서는 남자친구와 오랫동안 만날 수 없거나 떨어져 있을 때 남자친구가 입었던 셔츠를 입어보거나 남자친구가 있었던 침대에서 잠들기도 하지요. 남자친구가 남긴 냄새를 맡기 위해서요. 만약 커플이 서로 한동안 떨어져 있어야 한다면 냄새가 밴 옷을 선물해주는 것도 좋은 방법이 될 수도 있습니다. 좀 독특하고 이상하게 보일 수도 있지만, 떨어져 있기 전의 추억을 상기시키는 데에 이만한

여성들은 향수를 뿌린 남성에게
더 큰 매력을 느낀다고 합니다.

선물이 또 있을까 싶어요.

이처럼 냄새와 후각은 우리의 일상과 상당히 밀접합니다. 향수, 디퓨저, 향초 등과 같은 제품들이 많은 곳에서 판매되는 이유가 바로 여기에 있겠지요. 그러므로 만약 우울한 기분에서 벗어나고 싶다면 디퓨저나 향초 등을 활용해서 기분전환을 하는 것도 좋은 방법이랍니다. 그리고 만약 정말 마음에 드는 사람과 소개팅을 앞두고 있을 때에는 냄새가 좋은 향수를 뿌리고 가면 훨씬 좋은 첫인상을 남길 수 있을 것입니다. 특히 여성은 남성보다 냄새에 민감한 만큼, 남성 분들은 소개팅 전에 좀 더 신경을 쓸 필요가 있겠죠?

실제로 여성들은 향수를 뿌린 남성에게 더욱 매력을 느낀다고 합니다. 냄새 자체에서 나오는 매력 때문인 것도 있지만, 여기에 더해서 향수를 뿌린 남성들이 스스로의 외모에 자신감도 생기고 멋진 사람이라고 생각하게 돼서 그렇다고 하네요. 향수로 생겨난 남성의 자신감이

좋은 향이네~

여자들에게 매력으로 다가오는 거지요. 남성들도 스스로가 매력적인 사람이 되려면 좋은 냄새가 나야 한다는 사실을 본능적으로 알고 있어서 이렇게 자신감이 생기는 걸지도 모릅니다(...).

이제 후각이 우리에게 얼마나 중요한 감각인지 느껴지시지요? 사람들은 서로 냄새를 공유하면서 상대방이 어떤 사람인지 파악하고 관계를 맺으며 살아갑니다. 후각은 다른 사람들과 관계를 형성하는 데 있어서, 특히 연애와 사랑에 있어서 가장 중요한 감각이지요. 그래서 후각이 심각할 정도로 둔감한 사람들은 우울증에 빠지기도 쉽답니다. 우리는 때로 독한 냄새를 맡을 할 때마다 후각이 없었으면 좋겠다고 생각하지만, 사실 독한 냄새를 맡을 수 있는 것조차도 충분히 감사할 일이라고 생각합니다.

과학의 희망편 : 냄새가 여성의 월경주기를 바꾼다?

같은 집에 사는 자매나 자주 만나는 친구, 같은 직장에 다니는 여성들은 월경을 거의 비슷한 시기에 함께 시작하는 경향이 있습니다. 이 현상을 최초 발견자인 여성 과학자 마사 매클린톡의 이름을 따서 '매클린톡 효과'라고 부르지요.

1971년 미국 하버드대학교 대학원생이던 마사 매클린톡은 기숙사에서 여성 여럿이 같은 방에서 생활했는데요. 처음에는 각자 다르던 기숙사 친구들의 월경주기가 몇 개월 지나자 점점 비슷해진다는 사실을 우연히 발견했습니다. 오직 같은 방을 쓰는 여성들 사이에서만 이런 현상이 나타났고, 다른 방을 쓰는 여성들에게는 전혀 나타나지 않았다고 해요.

이후에 마사 매클린톡은 시카고대학교 생물학과의 교수가 되었고, 1988년에는 실험을 통해 왜 이러한 결과가 나온 것인지를 최초로 입증했답니다. 실험 방법은 간단합니다. 20~35세 여성들을 불러모아 겨드랑이에 땀을 흡수하는 패드를 착용합니다. 패드는 일정 시간이 지나면 몸에서 풍기는 땀 냄새를 고스란히 흡수하지요. 이렇게 얻은 패드에서 땀을 추출해서 월경주기가 규칙적이었던 다른 여성의 코 밑에 발랐습니다.

그러자 월경주기가 규칙적이었던 여성들의 월경주기가 갑자기 빨라

여성들은 서로의 냄새를 통해
월경주기를 비슷하게 맞춥니다.

지거나 늦어지기 시작했습니다. 땀 냄새를 제공해준 여성의 월경주기와 비슷해지는 방향으로 말이죠. 여성들은 본인도 모르는 사이에 서로가 풍기는 냄새를 통해 서로의 월경주기를 비슷하게 맞추고 있었던 것이었습니다.

왜 이런 현상이 발생하는 걸까요? 함께 사는 여성들이 서로 비슷한 시기에 같이 임신해야 아기 돌보기나 젖먹이기의 부담을 나눠 아기의 생존률을 높일 수 있기 때문입니다. 야생 상태에서는 지금보다 아기가 자라나는 환경이 더욱 열악했을 테니까요.

3장. 설마 했는데 정말이었어?

12

이제는 좀비들과 전쟁을 하는 시대가 온다?

좀비 바이러스

좀비가 영화나 드라마의 소재로 등장한다는 것은 사람들이 좀비에 대해 생각보다 큰 공포심을 가지고 있다는 것을 의미합니다. 이런 영화나 드라마를 보면 문득 궁금해지죠. 나중에는 과학기술로 좀비를 만드는 것이 가능할까요? 과학자들은 가능성이 없다고 보고 있지만, 모든 과학자가 그렇게 생각하는 것은 아닌 듯합니다.

전염병이 핵폭탄이나 기후변화보다 인류에게 훨씬 더 위협적입니다.
전쟁에 대비하는 것처럼 세계적인 전염병 유행에 대비해야 합니다.
- 빌 게이츠 (미국의 사업가) -

사람들에게는 전염병으로 인해 모든 인류가 멸종해버릴지도 모른다는 막연한 두려움이 있습니다. 이 두려움은 2019년 말에 등장한 코로나19(신종 코로나바이러스)로 더욱 커졌죠. 만약 코로나19보다 더욱 위험한 전염병이 나타난다면 속수무책으로 당할 수도 있을 것 같거든요. 특히 사람을 좀비로 만들어 버리는 좀비 바이러스가 등장한다면 상상만 해도 끔찍하지 않나요?

사람들의 이러한 공포심을 반영해서 『부산행』이나 『킹덤』과 같은 좀비물도 많이 등장했습니다. 미국에서도 좀비로 뒤덮인 세상을 배경으로 한 드라마 『워킹데드』가 세계적으로 큰 인기를 끌었죠. 이런 영화들에 나오는 좀비들은 대부분 비슷합니다. 일단 정체를 알 수 없는 좀비 바이러스가 갑자기 생겨납니다. 좀비 바이러스에 감염된 사람은 부모, 형제와 친구도 알아보지 못하는 끔찍한 좀비가 되고 말죠. 좀비는 사람들에게 날카로운 이를 드러내며 무자비하게 공격을 가합니다. 좀비가 하는 일은 오직 하나죠. 바로 살아 있는 사람들을 이빨로 물어뜯어서 감염시키는 겁니다.

사람들은 어떻게든 살기 위해 좀비들의 공격을 막아보려고 하지만 역부족입니다. 주변 사람들이 하나둘 좀비들에게 물어뜯기면서 점점

좀비 바이러스가 실제 현실에
나타난다면 무슨 일이 벌어질까요?

좀비가 되어가기 시작하거든요. 이렇게 어마어마하게 수를 불린 좀비들은 간신히 살아남은 사람들마저도 전부 닥치는 데로 물어뜯어 좀비로 만들어 버립니다. 심하면 도시 전체나 국가 전체가 좀비들의 소굴로 전락하고 말지요.

이쯤 되면 의문이 생기지 않나요? 과연 영화에서처럼 바이러스가 사람을 감염시켜 좀비로 만들어 버리는 게 가능할까요? 가급적이면 좀비 바이러스가 없는 평화로운 나날이 지속되었으면 좋겠는데 말이죠.

다행히도 현대의 과학자들은 좀비 바이러스가 생겨날 가능성이 거의 없다고 보고 있습니다. 이유는 간단합니다. 바이러스는 오직 살아 있는 생물에게만 기생하기 때문이죠. 바이러스의 가장 큰 특징이 바로 살아 있는 생물의 몸속이 아니면 번식을 절대 할 수 없다는 점이랍니다. 그래서 바이러스는 공기를 통해 사람의 몸 밖으로 나오기도 하면서 다른 사람들을 계속 감염시키며 살아가죠. 자칫하면 감염시킨 사람이 치명타를 입고 사망할 수도 있으니까요.

좀비는 이미 죽어버린 시체이기 때문에 바이러스가 살아갈 수 없습니다. 애초에 바이러스는 사람을 좀비로 만들 이유가 전혀 없지요. 스스로 본인이 살아갈 집을 부숴버리는 꼴이 되어버리고 마는 거니까요(…). 좀비 바이러스가 살아남고 번식하기 위해서는 최소한 감염시킨 사람은 죽이지 말고 살려둬야 합니다.

그래도 상상의 나래를 조금만 더 펼쳐봅시다. 만약 좀비 바이러스가 사람을 죽이지 않는 녀석이라고 가정하면 충분히 가능할 수도 있으니까요. 사람을 좀비로 만들지는 않아도 좀비처럼 행동하게만 하면 바이러스도 사람 몸속에서 잘 살아갈 수 있을 테니 말이죠. 하지만 이렇게 만들어진 좀비는 영화나 드라마에서처럼 무섭고 끔찍한 좀비가 되지는 못합니다.

영화나 드라마를 보면 꼭 등장하는 장면이 바로 좀비가 다른 사람을 물어뜯는 장면이죠. 물어뜯긴 사람은 고작 몇 분 만에 좀비로 변해서 다른 사람들을 물어뜯기 시작합니다. 이처럼 영화나 드라마에 등장하는 좀비가 무섭게 느껴지는 가장 큰 이유는 바로 이 빠른 감염력 덕분이죠.

이걸 달리 말하면 좀비 바이러스가 고작 몇 분 만에 사람의 몸속에서 빠르게 번식해 온몸으로(!) 퍼졌다는 건데요. 지구에 존재하는 바이러스 중에서 이렇게나 빠른 속도로 번식하고 신체기능을 장악할 수 있는 바이러스는 없습니다. 바이러스가 체내에 침투한 이후에 다른 사람에게로 퍼져 나갈 수 있으려면 최소한 2~3일의 긴 시간이 필요하거든요. 좀비 바이러스도 아마 2~3일에 걸쳐 감기나 독감처럼 증상이 천천히 나타날 테니까 증상을 보고 격리하면 영화에서처럼 좀비 바이러스가 빠르게 퍼질 일은 없을 겁니다. 생각보다 그렇게 심각하지는 않을 거라는 말이지요.

현실의 바이러스는 영화와 드라마에서 나오는 바이러스에 비하면 생각보다 허접(...)하죠? 이건 그만큼 영화와 드라마에 나오는 좀비 바이러스의 전염력이 비현실적일 정도로 굉장하다는 것을 의미합니다. 자극적이니까 인기가 많은 거기도 하고요.

이런 이유로, 만약 정말 영화나 드라마에 나오는 수준의 좀비 바이러스가 현실에 등장한다면 지구상의 사람들이 모두 일주일도 안 돼서 멸종할 거라고 예상되고 있습니다. 좀비들이 얼마나 난폭한지를 생각해 보면 국경을 넘는 것도 그리 어렵지 않을 테니까요. 좀비 바이러스가 섬나라에서 생겨났어도 마찬가지입니다. 단 한 명만이라도 외국으로

가는 비행기나 배를 탔다면 금방 전 세계로 퍼져나갈 테니까요. 무수히 많은 비행기와 배가 전 세계 곳곳을 오가는 지금 상황을 생각하면 충분히 가능합니다.

결국 좀비는 사람들의 자유로운 상상이 만들어낸 것입니다. 그런데 재미있는 점은 이런 상상을 특정 지역의 사람들이나 좀비물을 제작하는 사람들만 해왔던 건 아니라는 겁니다.

예를 들어 중국에서는 '강시'라고 불리는 좀비가 있었고, 이집트에서는 '미이라'라고 불리는 좀비가 있었습니다. 유럽의 한 소설에서는 죽은 사람의 뼈로 만든 좀비인 '프랑켄슈타인'이 등장하죠. 이처럼 사람들은 아주 오래전부터 죽은 사람이 어떠한 형태로든 다시 깨어나서 좀비가 될 수도 있다고 막연하게 생각해 왔습니다. 정작 현실에서는 그런 장면을 단 한 번도 본 적이 없는데도 말이에요. 객관적으로 판단해

나는 미이라!
나는 프랑켄슈타인!
나는 강시.
우리는 좀비's예요!

보면 불가능할 것이라는 사실도 어렴풋이 이해하고 있고요.

왜 사람들은 좀비를 상상할까요? 이건 인류가 오래전부터 시체를 보고 공포심을 느끼면서도 한편으로는 경외감을 느끼며 떠받들어 왔기 때문입니다. 모든 시체는 한때 누군가의 가족이고, 친척이었습니다. 그래서 사람들은 시체를 함부로 대할 수 없었죠. 그렇다고 해서 그 시체를 오랫동안 곁에 둘 수는 없었습니다. 시체는 시간이 지나면 지날수록 전염병을 일으키는 세균이 득실거려서 위험해지거든요. 시체를 버리기에는 아직 죽은 사람에게 애정이 남아 있고, 그렇다고 해서 버리지 않으면 시체 안에 들끓는 세균의 위험 때문에 어찌할 도리가 없었던 겁니다.

이처럼 사람들에게는 시체에 굉장히 복잡미묘한 감정이 있었습니다. 사람들의 이러한 감정이 전 세계 수많은 문화권에서 다양한 형태의 좀비들을 만들어낸 거라고 할 수 있을 것 같습니다. 영화와 드라마에도 좀비에 대한 사람들의 막연한 공포심이 반영되어 좀비가 등장하게 된 거고요.

그리고 현대 들어서는 바이러스에 대한 공포가 더해지면서 좀비 바이러스로 업그레이드(?)되었답니다. 죽은 사람이 갑자기 벌떡 일어나서 좀비가 되면 좀 비현실적으로 보이지만 바이러스에 감염되어 좀비가 된다는 설정을 추가하면 꽤 그럴듯해 보이니까요.

2014년에는 미국 국방부가 좀비 바이러스 상황의 시나리오를 짜고 미국 국방부가 좀비 바이러스 시나리오를 짜고 대응할 방안을 마련했던 적이 있습니다.

대응할 방안을 마련했다는 사실이 밝혀졌습니다(!). 심지어 미군들은 좀비 바이러스가 퍼졌다는 걸 가정하고 특별한 훈련을 받기도 했습니다. 세계 최강이라는 미군이 현실에 존재할 가능성이 거의 없다시피 한 좀비 바이러스를 다루고 있다니 놀랍죠. 그것도 꽤 진지하게 말이지요. 미국 국방부의 좀비 바이러스 시나리오를 접한 사람들은 어쩌면 인류가 미래에는 좀비 바이러스와 싸우게 될지도 모른다며 걱정했습니다.

하지만 얼마 지나지 않아 이 훈련은 좀비 바이러스 대처 목적이 아니었다는 사실이 밝혀졌습니다. 그냥 좀비라는 가상의 적을 설정해 놓은 거였거든요. 일어날 가능성이 없는 허구의 재난을 가정해서 나중에 좀비 바이러스에 비견될 수준의 재난이 일어났을 때 적절하게 대처하기 위함이었던 거지요.

그런데 좀비를 가상의 적으로 설정해 놓은 것 치고는 시나리오가 상당히 자세했습니다. 좀비를 어떻게 처치해야 할지부터 시작해서 사살한 좀비는 어떻게 처리해서 감염 위험을 막을지, 주변 국가들과는 어떻게 협력할지까지 적혀 있었거든요(!). 이건 세계 최고의 과학기술자들이 모여 있는 미국 국방부에서 좀비 바이러스가 등장할 확률을 아예 0%로 단정하지는 않았다고도 볼 수 있습니다.

지금 과학자들 사이에서는 좀비 바이러스가 생겨나지 않을 거라는 주장이 대부분이기는 한데요. 모든 과학자들이 다 그렇게 생각하는 건 아닙니다. 대표적으로 미국 마이애미대학교의 교수인 사미타 안드레안스키는 사람을 좀비로 만드는 게 충분히 가능하다고 주장합니다. 광견병 바이러스를 이용해서 말이죠.

혹시 광견병이 어떤 질병인지 아시나요? 광견병은 뇌에 염증을 유발해 성격을 난폭하고 사납게 만드는 무서운 질병입니다. 광견병에 감염된 동물은 다른 동물이나 사람을 물어뜯어 광견병을 전파하죠. 영화에 나오는 좀비 바이러스의 감염 방식과 닮았지요? 감염되면 미친 것처럼 보이는 데다 공격성이 심해진다는 점에서 충분히 좀비처럼 보일 수도 있을 것 같기도 하고요.

만약 광견병 바이러스에 다른 바이러스의 유전자를 섞는다면 사람을 좀비로 만드는 바이러스가 탄생할 가능성이 있습니다. 광견병 바이러스는 잠복기가 약 20~90일 정도라서 전염력이 낮은데요. 만약 잠복기가 짧은 바이러스의 유전자를 섞어서 잠복기가 짧은 광견병 바이러스를 만들면 이건 좀비 바이러스랑 크게 다를 게 없거든요(!).

게다가 사람의 몸에 출혈을 일으키는 에볼라 바이러스의 유전자까지 섞으면 사람의 외형을 좀비처럼 보이게 할 수도 있습니다. 현대 생명

공학 기술은 유전자를 자르고 붙일 수 있는 수준에 이르렀기에 충분히 이런 실험이 가능하답니다.

물론 이렇게 성질부터가 서로 다른 바이러스의 유전자를 섞어 새로운 돌연변이 바이러스를 만들어내는 일은 쉽지 않습니다. 게다가 자연 상태에서 이런 일이 일어날 가능성은 더더욱 낮지요. 그래도 만약 만에 하나 이런 좀비 바이러스를 성공적으로 만든다면 영화나 드라마에서나 볼 수 있던 끔찍한 좀비 재난이 실제 현실이 될지도 모릅니다.

이런 이유로 지금 미리 좀비 바이러스와 같은 상황을 가정해서 나쁠 건 전혀 없습니다. 최악의 상황을 대비하는 게 미래에 있을지도 모르는 큰 피해로부터 사람들을 보호할 수 있는 가장 좋은 방법이니까요. 코로나19 그리고 신종 인플루엔자의 사례에서도 알 수 있듯이 우리는 앞으로도 계속 바이러스와 싸우며 살아갈 수밖에 없기도 하고요.

머지않은 미래에 좀비 바이러스까지는 아니더라도 좀비 바이러스 재난 수준에 맞먹는 강력한 바이러스가 나타날 가능성은 충분히 있습니다. 이렇게 생각해 보면 미국 국방부가 좀비 바이러스 시나리오를 짰던 것도 충분히 이해가 되지요.

과학의 참사편 : 바이러스의 유전자 재조합

바이러스는 사람이 인위적으로 유전자를 재조합해주지 않아도 다른 바이러스와 만나서 스스로 재조합을 일으킨다는 거 아시나요? 이렇게 재조합되어 만들어진 바이러스가 우연히 사람을 감염시킬 수 있는 능력과 강한 독성을 갖추면 팬데믹이 발생합니다.

재조합으로 만들어진 바이러스는 지금까지 존재하지 않았던 새로운 바이러스이기 때문에 면역계가 속수무책으로 당하게 됩니다. 순식간에 다른 사람들을 감염시키며 전 세계로 퍼져나가죠. 현재 사람은 지구상에서 가장 번성한 종이기 때문에 바이러스에게는 사람만큼 좋은 숙주가 없습니다. 특히 사람들이 빽빽이 몰린 도시만큼 바이러스가 서식하기 좋은 환경은 없죠(…). 앞으로도 팬데믹이 발생할 가능성이 높은 이유가 바로 여기에 있습니다.

2019년 등장한 코로나19 바이러스도 박쥐를 감염시키는 코로나바이러스와 천산갑을 감염시키는 코로나바이러스가 서로 재조합을 일으켜 발생한 것으로 추정되고 있습니다. 박쥐를 감염시키는 코로나바이러스는 사람의 세포를 감염시킬 수 없는데요. 이 바이러스가 우연히 천산갑 몸속으로 들어왔다가 천산갑을 감염시키는 코로나바이러스와 재조합을 일으켜 사람의 호흡기에 쉽게 결합할 수 있는 바이러스가 탄생한 것이죠.

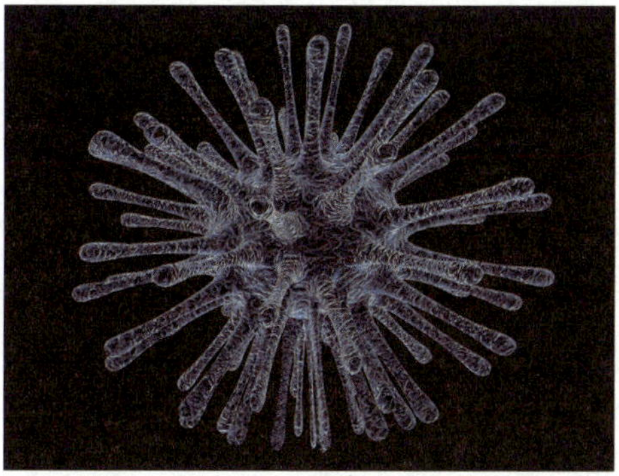

팬데믹을 일으키는 바이러스는
유전자 재조합 과정에서 탄생합니다.

2003년에 전 세계적으로 유행했던 전염병인 사스도 박쥐를 감염시키는 바이러스와 사향고양이를 감염시키는 바이러스가 서로 재조합해 만들어졌습니다. 2015년 우리나라에서 유행했던 메르스도 박쥐를 감염시키는 바이러스와 낙타를 감염시키는 바이러스가 서로 재조합해 만들어졌죠.

그러므로 팬데믹의 발생을 막으려면 바이러스의 재조합 경로를 조기에 차단해야 합니다. 야생동물과의 접촉을 최대한 줄이고, 야생동물과 접촉한다면 반드시 보호 장비를 착용해야겠지요. 야생동물을 섭취하거나 거래하는 행위도 근절되어야 할 것입니다.

3장. 설마 했는데 정말이었어?

13

천연물질은 몸에 좋고 화학물질은 몸에 나쁠까?

천연물질

여러분은 천연물질과 화학물질 둘 중 뭐가 더 우리 몸에 좋다고 생각하시나요? 아마 대부분 별 고민 없이 천연물질이 더 몸에 좋다고 말할 것입니다. 사람들 사이에서는 화학물질이 몸에 나쁘다는 인식이 깊숙히 자리잡고 있죠. 그런데 말이에요. 과연 우리가 화학물질 없이 지금과 같이 풍족한 삶을 살 수 있었을까요?

건강식품이
나를 아프게 한다.
- 캘빈 트릴린 (미국의 언론인) -

한때 사람들이 화학물질에 미친 듯이 열광하던 시절이 있습니다. 20세기 이후부터 화학기술을 통해 지금까지는 만들어낼 수 없었던 약품이나 섬유, 플라스틱, 농약, 살충제 등을 만들 수 있게 되면서 벌어진 일이었죠. 인류는 화학비료와 농약, 살충제 덕분에 식량부족을 걱정할 필요가 없게 되었고, 섬유와 염료, 약품 덕분에 좀 더 위생적이고 병 걱정 없는 윤택한 삶을 살 수 있게 되었습니다.

지금 우리가 방안 침대에서 뒹굴거리고(...), 아프면 바로 병원에 가서 치료를 받을 수 있는 것도 모두 화학물질 덕분이라고 할 수 있는데요. 이런 이유로 당시 사람들은 화학 하면 우리의 삶에 유익한 무언가(?)를 새롭게 창조해내는 마법 같은 기술을 떠올렸습니다. 마치 애니메이션에 소재거리로 자주 등장하는 연금술처럼 말이죠.

하지만 화학물질이 어디까지나 유익하기만 한 것은 아니었습니다. 시간이 지나고 화학물질들이 우리 몸이나 환경에 악영향을 끼친다는 사실이 밝혀졌거든요. 화학공장에서 유독가스가 대량으로 누출되어 사람들이 목숨을 잃는 일도 꾸준히 발생하고요. 특히 1984년 인도 보팔의 한 공장에서 유독가스의 일종인 아이소사이안산 메틸이 누출되어 3800명이 사망하고 50만 명이 부상을 입은 사건은 전 세계적으로

엄청난 충격이었습니다.

이런 일들이 계속 벌어지자 화학물질에 대한 사람들의 이미지는 점점 나빠져만 갔습니다. 화학물질 하면 부정적인 생각부터 먼저 떠올리게 되었죠. 이후로 사람들은 우리 주변에 있는 물질들을 인공적으로 만든 화학물질과 자연적으로 만들어진 천연물질로 분류하고, 천연물질은 우리 몸에 좋고 안전한 것으로 여기기 시작했습니다.

사람들이 화학물질들보다 천연물질을 더욱 선호한다는 증거가 우리 생활 곳곳에 있습니다. 음식을 조리할 때 화학조미료인 MSG 대신 멸치와 굴 소스를 사용하거나, 병에 걸려 아파도 약을 먹지 않고 산에서 채취한 약초를 대신 먹거나(...), 값싼 GMO 식품 대신에 유기농 식품을 먹는 것이 대표적이죠.

건강에 관심이 많은 사람들 사이에서도 질병이 약이나 병원의 치료로 나으면 당연한 것이고, 자연요법이나 천연 식단으로 나으면 열광하는 분위기가 팽배합니다. 독자 여러분도 화학물질보다 천연물질을 더 선호하시나요? 천연물질이 정말 사람들이 말하는 대로 몸에 좋고 건강하기만 할까요?

천연물질이 정말 우리 몸에 좋고 건강한지를 알기 위해서는 천연물질이 만들어지는 자연 생태계에 대한 이해가 필요합니다. 자연 속에는 우리가 상상할 수도 없는 무수히 많은 종류의 생명체들이 서식하고 있습니다. 우리 눈으로는 잘 보이지 않는 박테리아와 바이러스에서부터 시작해서 동식물까지 말이에요.

그리고 이러한 생물들은 모두 자신의 생존과 자손의 번성만을 위해서 살아갑니다. 스스로의 생존과 번식을 위해서라면 어떠한 행동이라도 가리지 않고 행하죠. 자기보다 약한 동물을 잡아먹음으로써 영양분을 섭취하고, 다른 동물들의 서식지를 강탈합니다. 몸을 움직일 수 없는 식물도 다른 동물들에게 잡아먹히지 않기 위해서 독성 물질을 만들어냅니다. 이처럼 자연의 현장은 치열한 약육강식의 생존 법칙에 의해

자연 생태계에 서식하는 생물들이 사람에게 유익한 물질을 만들어줄 이유가 있을까요?

유지되고 있죠.

이쯤에서 우리가 생각해봐야 할 것은 자연에 서식하는 이런 생물들이 사람들의 건강에 도움이 되는 천연물질을 만들어줄 것이냐는 사실입니다. 당연하지만 절대로 그럴 리가 없습니다. 어떤 사람들은 착한 식물들(?)이 우리 사람들을 위해 맛좋은 열매나 건강에 도움이 되는 씨앗과 잎사귀를 만들어준다고 말하는데요. 이는 냉혹한 자연 생태계를 너무나 순진한 눈으로 바라보고 있는 것입니다.

열매나 씨앗, 잎사귀는 절대로 식물이 우리 인류를 위해 만들어준 것이 아닙니다. 자신의 자손에게 필요한 영양분을 공급해주기 위해, 또는 씨앗을 더 멀리 퍼뜨리기 위해 우연히 인류에게 유용한 물질을 만들었을 뿐이죠. 우리 인류는 이렇게 먹을 수 있는 극소수 종류의 식물을 수만 년에 걸쳐 찾아냈고, 매년 집중적으로 재배하는 농작물과 과일들이 바로 그런 식물들입니다.

열매를 즐겨 먹는 동물들에게 식물이 바라는 것은 딱 하나입니다. 씨앗이 들어있는 열매를 배불리 먹은 후 먼 곳으로 이동해서 씨앗을 뱉거나 배설하여 다음 세대를 새로운 장소로 퍼뜨려주는 것입니다. 그래야만 식물이 더욱 넓은 지역에 걸쳐 번성할 수 있을 테니까요. 우리가 즐겨 먹는 맛좋은 열매도 식물이 씨앗을 널리 퍼뜨리기 위해 만든 것에 불과하답니다.

그리고 자연 속에도 우리의 건강을 심각하게 위협하는 독성 물질이 무수히 많다는 것도 생각해볼 만합니다. 오히려 독성 물질이 아닌 물

질을 찾기가 힘들 정도지요. 버섯에 들어있는 무스카린, 감자 싹에 있는 솔라닌, 시금치의 옥살산, 매실의 아미그달린, 복어독, 뱀독, 벌독, 곰팡이독, 죽순독, 고사리독(...)이 대표적입니다.

이렇게 우리 사람에게 맛좋고 영양가 있는 열매를 제공해주는 식물은 흔치 않기 때문에, 등산할 때는 정체를 알 수 없는 열매나 버섯을 함부로 먹어서는 안 된다고 말하는 것입니다. 어떠한 독이 들어있을지 알 수 없으니까요. 이러한 독성 물질을 무독하게, 오히려 유익하게 만드는 것이 육종이고 가공이고 정제라고 할 수 있겠지요? 화학기술의 발전은 이러한 것들을 가능하게 만든 것이고요.

결정적으로 정말 천연물질이 화학물질보다 몸에 좋고 건강하다면 100~200년 전의 사람들은 현대인들보다 훨씬 오래 살고 건강했어야 합니다. 당시에는 모든 음식과 제품이 천연물질이었을 테니까요. 하지만 당시 인류의 평균 수명은 30~40세에 불과했습니다. 갓 태어나자마

천연 약재를 즐겨 먹었던 과거 사람들이
과연 현대인보다 건강했을까요?

자 이름조차 알 수 없는 각종 질병에 시달리는 일이 부지기수였죠. 값비싼 천연 약재를 동원해도 상당수의 어린 아기들이 1살을 넘기지 못한 채 목숨을 잃어야 했고, 아무리 오래 살아 봤자 60살을 넘기기도 매우 힘들었습니다.

당시에는 의료기술이 발전하지 못했고 위생적이지 못했기 때문에 어쩔 수가 없었을 것이라 하지만, 이것만으로는 설명이 어렵습니다. 심지어 당시 의료기술이 천연 약재 위주로 이루어졌다는 것을 생각해보면 더욱 말이 되지 않죠. 아이러니하게도 30~40세에 불과했던 인류의 평균 수명이 증가한 것은 화학기술의 발전으로 섬유, 약품, 비료, 농약 등이 등장하면서부터였습니다. 실제로 우리 몸에 좋고 건강한 물질은 천연물질이 아니라 화학물질이었던 셈이지요(!).

실제로 사람들이 천연물질을 믿었다가 호되게(...) 당한 사례도 적지 않습니다. 1990년대 일본에서 음이온 제품이 세균을 죽이는 등의 공기정화 기능이 있다는 주장이 제기되면서 우리나라에도 음이온 제품

한때 사람들은 천연광물인
모나자이트에서 몸에 좋은 음이온이
방출된다고 믿었습니다.

이 큰 인기를 끌었는데요. 음이온 발생에 가장 많이 사용된 천연광물이 바로 모나자이트입니다. 모나자이트에 음이온이 방출된다고 믿어져 왔기 때문이죠.

하지만 시간이 지나자 모나자이트에서 방출되는 것은 음이온이 아니라 알파선, 베타선, 감마선과 같은 방사선(...)이었다는 사실이 밝혀졌습니다. 이후 모나자이트가 함유된 비누, 목걸이, 팬티, 베개, 마사지팩, 침대들이 모두 폐기되었죠. 게다가 음이온이 공기정화 기능이 있다는 사실도 새빨간 거짓말로 밝혀지면서 지금까지 음이온 제품을 믿고 사용해온 사람들은 큰 충격을 받았답니다. 이러한 사건의 원인 물질은 화학물질이 아니라, '천연'광물인 모나자이트였습니다. 사람들이 몸에 좋고 건강하다고 믿은 천연물질로부터 우리 몸에 해로운 방사선이 방출되고 있었던 것이지요.

이뿐만이 아닙니다. 동식물이나 광물에서 추출한 천연물질로 만든 살충제가 화학물질로 만든 살충제보다 환경에 더 큰 피해를 준다는 연구결과도 있거든요. 캐나다 구엘프대학교의 연구진들이 천연물질에서 추출한 기름으로 해충을 질식시키는 살충제, 천연물질(?)인 진균이 들어있어 해충을 감염시켜 죽이는 살충제, 그리고 일반 화학물질 살충제를 비교했는데요. 사람의 피부에 노출됐을 때 독성을 띠는 정도, 토양이나 식물에 존속하는 기간 등을 측정한 결과 천연물질로 만든 살충제가 더 나빴다고 합니다.

사실 살충제를 선택할 때는 천연물질로 만들었는지보다도 얼마나 독성이 강하고 환경에 미치는 영향이 어느 정도인지가 더 중요합니다. 하지만 여전히 사람들은 천연물질로 만든 살충제가 사용되는 땅에서 자란 유기농(?) 작물을 더욱 선호하고 있죠. 실제 천연물질이 얼마나 나쁘고 독성이 강한지는 상관하지 않는, 천연물질에 대한 무조건적인 신뢰가 만들어낸 오류라고 할 수 있습니다.

이러한 사례에서 알 수 있는 사실은 사람들이 물질로 인해 목숨을 잃거나 피해를 입은 이유는 절대로 화학물질이 독성을 가지고 있어서가 아니라는 겁니다. 화학물질이든, 천연물질이든 사람에게 독성을 띠는 물질은 얼마든지 있습니다. 오히려 천연물질이 화학물질보다 더 위험하거나 독성이 강할 수도 있죠. 물질의 안전성과 효능은 천연물질이냐, 화학물질이냐 여부와는 아무런 관련이 없습니다.

결국 중요한 건 각각의 특성을 가진 다양한 종류의 물질들을 얼마나 잘 이해하고 있는지, 그리고 어떻게 잘 사용하느냐입니다. 어떻게 사용하느냐에 따라 우리에게 유익할 수도 있고, 독이 될 수도 있는 게 바로 물질이죠. 화학물질에 대한 각종 사건사고들도 화학물질이 나빠서

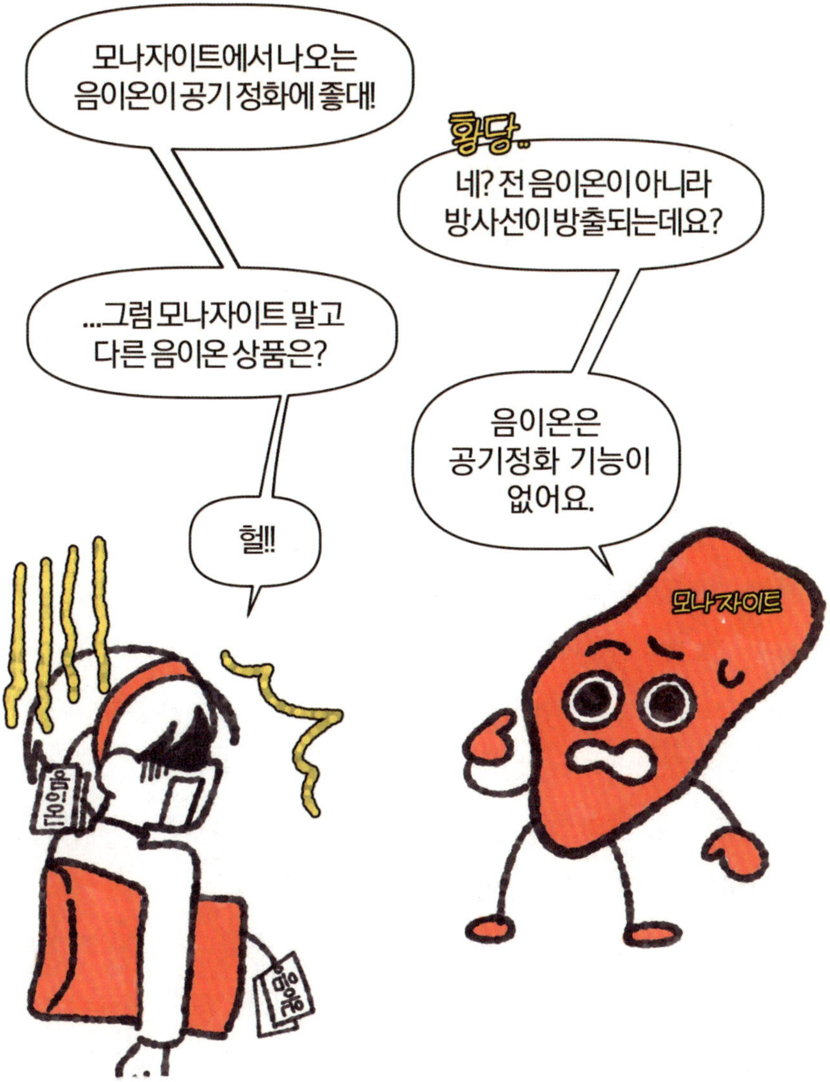

모나자이트에서 나오는
음이온이 공기 정화에 좋대!
황당..
네? 전 음이온이 아니라
방사선이 방출되는데요?
...그럼 모나자이트 말고
다른 음이온 상품은?
음이온은
공기정화 기능이
없어요.
헐!!
음이온!
모나자이트

가 아니라, 화학물질을 잘못 사용한 사람들 때문이라고 말씀드릴 수 있을 것 같습니다.

천연물질에 대한 잘못된 인식으로 인해서 이미 안전성과 효능이 입증된 화학물질들을 위험하다고 판단하고 사용하지 않는 경우가 많은데요. 최대 피해자(?)를 하나만 꼽자면 MSG가 아닐까 싶습니다. 많은 분들이 MSG는 음식을 더욱 맛있게 해주긴 하지만 건강에는 좋지 않은 조미료로 여깁니다. 이유는 간단합니다. MSG가 '화학'조미료이기 때문이지요.

하지만 알고 보면 MSG는 천연 식재료에서 감칠맛을 내는 물질만 따로 추출해서 만든 조미료입니다. 자연에 이미 존재하는 물질의 일종일 뿐 아니라, 실제 우리나라에서 생산되는 MSG도 사탕수수에 미생물을 넣고 발효시켜 만듭니다. 그럼에도 불구하고 사람들 사이에서 MSG는 인공적으로 합성해서 만들었기 때문에 몸에 좋지 않고 건강에도 나쁘다는 인식이 널리 퍼져 있지요. 사람들이 음식을 조리할 때 MSG를 넣지 않고 멸치, 굴 소스, 다시마, 새우 분말 등과 같은 천연조미료를 넣는 이유는 바로 여기에 있습니다.

여러분은 멸치, 굴 소스, 소고기, 다시마를 넣은 음식이 마치 조미료를 넣은 것 같은 감칠맛이 나는 이유가 뭔지 아세요? 멸치, 굴 소스, 소고기, 다시마에 MSG가 포함돼 있기 때문(...)이랍니다. 실제로 최초의 MSG도 다시마에서 추출됐죠. 다시마를 끓인 물에서 나는 감칠맛의

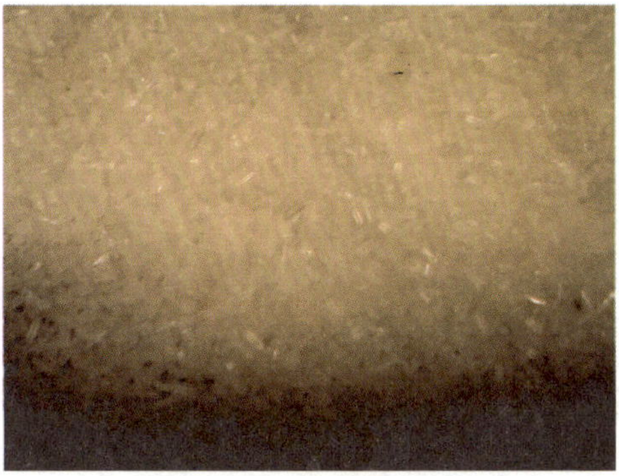

MSG는 천연 음식재료에도 들어있는
매우 안전한 조미료입니다.

출처가 궁금했던 일본의 한 화학자가 연구를 진행했는데, 감칠맛을 내는 물질이 바로 MSG였다고 해요. 화학기술의 발전으로 멸치, 굴 소스, 소고기, 다시마 없이 값싼 MSG 하나만으로 요리에 감칠맛을 쉽게 낼 수 있게 되었지만 화학물질에 대한 반감으로 잘 사용되지 않고 있는 셈이지요.

우리가 먹는 음식 중에서 MSG만큼 안전한 물질은 거의 없다고 봐도 될 정도로 MSG는 매우 안전한 조미료입니다. 대부분의 영양소들은 하루 권장 섭취량이 정해져 있어서 권장량 이상으로 계속 먹으면 건강에 문제가 생길 수 있지만, MSG는 하루 섭취 권장량조차 정해져 있지 않을 정도거든요. 설탕이나 소금도 하루 섭취 권장량이 정해져 있다는 것을 생각하면 놀랍죠. 한국 식약청을 포함해서 많은 국제 연구기관들도 MSG가 안전한 조미료라는 결론을 내렸으니 MSG 사용은 전혀 걱정하지 않으셔도 될 겁니다.

최근 들어서는 요리 유튜버나 요리 전문가들이 MSG를 넣은 요리 방

송 등을 자주 보여주고 있습니다. MSG는 안전한 조미료라고 주장하면서 말이에요. 무작정 MSG는 안전하다고 알려주는 것보다는 MSG를 직접 요리에 활용하고 먹는 장면을 보여주는 것이 더욱 효과적일 거라 짐작되시죠? 아마 이에 힘입어 MSG에 대한 사람들의 부정적인 인식도 차차 개선될 것입니다.

화학기술의 발전으로 원래 우리 주변에 있던 천연물질 대부분이 화학물질로 대체되었습니다. 우리가 일상적으로 사용하는 제품부터 시작해서 우리가 먹는 식품까지 말이죠. 이 과정에서 화학물질과 관련된 사건사고들이 증가했던 것은 당연한 결과였다고 생각합니다. 마치 화학기술 발전 이전의 사람들도 천연물질을 잘못 사용해 각종 사건사고가 발생했던 것처럼 말이죠.

하지만 사람들은 화학물질과 관련된 사건사고들을 화학물질을 잘못 사용한 사람들 탓으로 돌리지 않고 화학물질 탓으로 돌렸습니다. 그 결과 우리에게는 화학물질에 대한 부정적인 이미지가 생겼고, 천연물질은 무조건 몸에 좋고 건강하다는 생각을 가지게 되었지요. 이제는 이런 잘못된 생각을 버려야 합니다. 물질이 화학물질이든 천연물질이든 상관없이 독성을 가지고 있을 수 있고, 사람에게 유익할 수도 있고, 유익하지 않을 수도 있다는 사실을 잊지 말아야 하겠습니다.

그리고 화학물질로 뒤덮인 우리 주변의 일상을 어느 정도 받아들이는 태도도 필요합니다. 화학물질들을 포기하고 천연물질만을 사용한다는 것은 거칠고 위험한 자연으로 되돌아간다는 말과도 같답니다. 화학물질로 구성된 섬유, 약품, 비료, 농약의 사용을 모두 포기하고 옷도 제대로 입지 않고, 아파도 약을 먹지 않고, 비료와 농약을 이용한 작물 생산을 중단해서 굶어 죽겠다는(...) 의미니까요.

화학물질의 사용 반대를 주장하는 것은 시대에 동떨어진 행동입니다. 우리는 화학물질 없이 절대 현대인의 삶을 살아갈 수 없습니다. 이제는 화학물질을 얼마나 안전하게, 그리고 유익하게 사용하느냐를 고민해야 할 때입니다. 화학물질의 안전하고 유익한 사용이 계속된다면 화학물질에 대한 부정적인 이미지도 점차 개선될 것입니다.

과학의 절망편 : 화학물질이 없는 세상은 없다!

가습기 살균제, 공기청정기 오존, 생리대 발암물질 등 화학물질과 관련된 사건이 계속 터지자, 화학물질이 들어간 제품을 거부하고 오직 천연물질만을 사용하는 노케미(No-chemi)족이 늘고 있습니다. 하지만 노케미족의 삶을 며칠 살아본 사람들의 말을 들어보면 대부분 얼마 지나지 않아 포기했으며, 화학물질 없이는 정상적인 삶을 살아가는 게 거의 불가능하다는 깨달음(...)을 얻게 된다고 합니다.

일단 아침에 일어나면 이를 닦고 세수를 하고 머리를 감겠죠? 이를 닦으려면 치약이 필요하고, 세수를 하려면 클렌징 폼이 필요하고, 머리를 감으려면 샴푸가 필요합니다. 치약, 클렌징 폼, 샴푸 모두 화학물질로 만들어진 것들이죠. 이렇게 씻은 이후에는 스킨이나 로션, 토너, 에센스를 얼굴에 발라주는 것도 필수입니다. 아마 현대인이 아침에 일어나 집 밖으로 나가기까지 사용하는 화학제품만 최소 3~10가지가 넘을 겁니다. 천연 화장품을 쓰는 분도 있지만, 100% 천연물질로 만든 천연 화장품은 절대로 없습니다.

여기에 더해서 설거지할 때 쓰는 주방세제, 세탁할 때 쓰는 세탁세제, 방향제, 물티슈, 습기제거제, 섬유유연제, 비누, 가글, 왁스, 염색약, 립스틱, 화장실 휴지, 모기향, 마스크팩 등까지 모두 더하면 집에 있는 화학제품은 40~50가지가 훌쩍 넘어갑니다. 심지어는 입고 있는

우리 주변의 제품 중에서
화학물질이 아닌 제품은
거의 없을 것입니다.

옷과 속옷부터가 폴리에틸렌이나 나일론과 같은 화학물질로 만들어진 것이죠.

노케미족이 되려면 이 모든 화학제품을 천연물질로 대체해야 합니다. 치약 대신 소금으로 양치하고, 섬유유연제 대신 식초(!)를 사용하고, 로션 대신에 코코넛 오일을 바르고, 화장지 대신 나뭇잎(?)을 사용하는 식이죠. 세안을 제대로 할 수가 없으니 피부는 금방 망가지고, 몸에는 땀 냄새가 풍기고, 방 안에 모기가 있어도 손으로 잡아야 할 것입니다. 생각만 해도 너무 힘들죠?

우리는 아무리 안간힘을 써도 절대로 화학물질의 손아귀에서 벗어날 수 없습니다. 우리가 인지하지 못하고 있을 뿐이지 화학물질은 이미 우리 일상에 너무 깊숙이 들어와 버렸습니다. 화학물질의 사용을 거부할 것이 아니라, 함께 안전하게 공존하는 방법을 고민해야 하는 이유가 바로 여기에 있습니다.

14

벼는 익을수록 고개를 숙인다는 말은 과학적으로 맞다?

더닝 크루거 효과

한국어 속담 중에서는 겸손과 관련된 속담을 쉽게 찾아볼 수 있죠. 벼는 익을수록 고개를 숙인다거나, 무식하면 용감하다거나, 빈 수레가 요란하다거나, 깊은 물은 소리를 내지 않는다는 속담이 대표적입니다. 이런 속담들을 뒷받침할 재미있는 심리학 이론이 나왔는데요. 바로 더닝 크루거 효과입니다.

이 시대의 아픔 중 하나는 자신감이 있는 사람은 무지한데,
상상력과 이해력이 있는 사람은 의심하고 주저한다는 것이다.
- 버트런드 러셀 (영국의 철학자) -

혹시 레몬즙으로 종이로 글씨를 써 본 적이 있나요? 레몬즙으로 쓴 글씨는 투명해서 잘 보이지 않지만 열을 가하면 글씨가 잘 보이기 시작합니다. 미국 피츠버그에 거주했던 맥아더 휠러는 1995년에 이 사실을 접하고 깊은 감명(?)을 받았습니다. 그리고 이를 활용해 집 근처에 있는 은행을 털어 돈을 벌기로 결심했습니다.

방법은 간단합니다. 바로 얼굴에 레몬즙을 바르는 겁니다. 얼굴에 레몬즙을 바르면 사람들에게 자기의 얼굴이 보이지 않을 것이고 CCTV도 자기를 발견하지 못할 것이므로 완벽하게 은행털이가 가능할 거라 여겼던 거죠(?). 어차피 얼굴이 안 보일 것이므로 마스크로 얼굴을 가릴 필요도 없고요. 휠러가 레몬즙으로 보이지 않는 글씨를 쓰는 원리를 완전히 잘못 이해하고 이상한 데에 활용한 겁니다.

결국 휠러는 은행을 턴지 얼마 되지 않아 경찰에 붙잡혔습니다. 휠러는 뻔뻔하게도 자기가 은행을 털었다는 증거를 제시하라고 요구했지요. 경찰은 휠러에게 CCTV 영상을 보여줬고, 휠러는 영상을 보고 큰 충격을 받았습니다. 자기는 분명히 얼굴에 레몬즙을 발랐기 때문에 얼굴이 사람들에게 보일 리가 없다면서 말이죠(...). 휠러는 언뜻 보면 미친 사람 같아 보이지만 정신질환을 겪고 있는 것도 아니었고 마약을

한 것도 아니었습니다. 지식을 잘못 이해했을 뿐이었죠.

코넬대학교의 심리학 교수였던 데이비드 더닝은 휠러가 저지른 이 사건을 매우 흥미롭게 생각했습니다. 그리고 본인의 제자인 저스틴 트루거와 함께 이 사건을 심리학적으로 분석하기 시작했습니다. 휠러가 도대체 무슨 자신감으로 레몬즙을 바르고 은행을 털 수 있었는지 말이죠. 그렇게 더닝과 크루거는 다음과 같은 결론을 냅니다. 능력이 부족한 사람은 자신의 능력을 실제보다 훨씬 높게 평가하지만 능력이 좋은 사람은 자신의 능력을 낮게 평가한다고 말이지요. 이 현상을 바로 더닝 크루거 효과라고 부른답니다.

더닝 크루거 효과가 일어나는 이유는 간단합니다. 그 분야에 아는 게 많지 않으므로 자기가 뭘 잘 알고 있고 뭘 잘 모르는지에 대해 전혀 인지하지 못하는 거지요. 실제로 아무것도 모르는 사람이 그 분야에 대한 지식을 아주 조금만 획득하면 그 분야에 대한 자신감이 대폭 올라가는 현상을 보입니다. 휠러는 레몬즙에 대한 지식을 아주 조금만 획득하고 자기가 지식을 잘못 이해한지도 모른 채 과도하게 자신감을 보이는 바람에 큰 실수를 저지르게 된 거랍니다.

하지만 이런 자신감은 얕은 지식만을 가지고 있을 때에만 해당되는 이야기입니다. 지식을 깊이 있게 습득하면 습득할수록 자신감은 무섭게 떨어지기 시작합니다. 자기가 '무엇'을 '얼마나' 모르는지에 대해 인지하기 시작하기 때문입니다. 자신감을 다시 회복하기 위해서는 그 분야를 아주 깊이 있게 공부해야 합니다. 이렇게 다시 생긴 자신감은 이전의 근거 없는 자신감이 아니라 풍부한 지식으로 중무장한 근거 있는 자신감이 되죠. 그리고 다른 사람들 앞에서 한 없이 겸손해집니다. 스스로가 지식을 많이 쌓아온 것은 맞지만 아는 건 거의 없다고 생각하기도 하죠.

더닝과 크루거가 더닝 크루거 효과를 증명하기 위해 했던 실험도 되

휠러가 상상한 본인은
아마 이런 모습이었을까요?

사실나 ㅅ대 붙었는데
전산 오류로 입학 못 한 거야~
이번 학점
나보다 낮으면서...

게 재미있습니다. 실험 방법도 간단합니다. 코넬대학교의 대학생 45명을 모아 논리적 사고능력에 대한 시험을 보게 하고 자신의 예상 성적을 제출하게 하면 됩니다. 예상 성적과 실제 성적을 비교해 보면 성적이 낮은 학생은 자신의 성적을 실제 성적보다 높게 예상했습니다. 그리고 성적이 높은 학생은 자신의 성적을 실제 성적보다 낮게 예상했습니다. 더 놀라운 건 성적이 높은 학생은 자기가 어떤 문제를 틀렸고 어떤 문제를 맞췄는지까지 훨씬 정확하게 구분했다는 겁니다.

성적 얘기가 나오니 학생 독자 여러분들은 남 얘기가 아닐 텐데요. 실제로 교실을 보면 성적이 낮거나 공부를 평소에 조금만 하는 학생들은 자기가 높은 성적을 받을 거라고 확신하는 경우가 많습니다. 반면에 평소에 공부를 열심히 하는 모범생들은 '나 시험 망칠 거 같아!'라며 걱정하고요. 아마 평범한 학생들은 이런 모범생을 보며 재수 없다는 (…) 생각밖에 안 들 겁니다.

인터넷에 떠도는 각종 시험공부 관련 짤방(자투리 이미지)을 잘 살펴보아도 더닝 크루거 효과가 잘 나타납니다. 예를 들어 현재 시각은 시험 당일 새벽 4시이고 공부는 하나도 안 했는데 어디선가 자신감이 솟구친다는 내용의 짤방이 있습니다. 저도 대학생 때 시험공부를 거의 못한 과목이 왠지 시험은 잘 볼 것 같다는 근거 없는 자신감에 휩싸인 적이 몇 번 있습니다. 물론 이런 자신감에 휩싸였을 때마다 시험 성적은 항상 역대 최악이어서 큰 충격에 빠졌지요(…).

이처럼 더닝 크루거 효과는 우리의 일상 속에 녹아 있는 재미있는 심

리 현상 중에 하나입니다. 최근에는 뇌과학이 발전하면서 더닝 크루거 효과를 뒷받침할 각종 연구결과들이 꾸준히 나오고 있지요. 아마 독자 여러분도 살면서 최소한 한 번쯤은 그 분야를 많이 공부하지도 않았고 잘 모르면서 쉬운 거 아니냐며 근거 없는 자신감을 보였던 적이 있을 겁니다. 이런 말을 들은 진짜 전문가들은 속으로 '얘는 아는 것도 없으면서 왜 이런 식으로 말을 하지?'라고 생각했겠지요.

이런 오만한 말을 했던 사람이 추후 어떤 생각을 하게 될지 어느 정도 예상이 되지요? 그 분야를 공부하면 할수록 한때 자신감이 넘쳤던 과거 자기의 모습에 민망함을 느끼고 좌절감에 빠지게 될 겁니다. 아니면 그 분야를 더 이상 공부하지 않은 채로 계속 근거 없는 자신감만을 가지게 될지도 모르죠.

더닝 크루거 효과를 가장 쉽게 관찰할 수 있는 학문 분야를 하나 꼽자면 바로 정치 지식 분야가 아닐까 합니다. 왜냐하면 정치는 TV에서 뉴스를 틀거나 인터넷 기사만 확인해도 쉽게 접할 수 있어서 대부분의 사람들이 일정량 이상의 지식은 가지고 있거든요. 그래서 선거철만 다가오면 정치 지식이 그리 많지 않은 사람들이 자기가 마치 정치 분야의 전문가인 것처럼 행동하기도 합니다(...). 선거에 누가 당선될 것인지, 어떤 정치인이 정치를 잘하고 못하는지 자신감 있게 말하기도 하죠. 이들은 인터넷이나 TV를 통해 얻은 얕은 지식이 전부이지만 스스로를 정치 전문가라고 생각합니다.

우리나라나 미국 등에서 이와 관련된 연구를 꽤 활발하게 진행했는데요. 연구 결과는 역시나 정치 지식이 거의 없는 사람일수록 자신의 정치 지식이 매우 높다고 생각하는 것으로 드러났습니다. 정치 지식이 많은 사람과 적은 사람을 구분하는 것도 별로 어렵지 않았습니다. 정치 지식이 높은 사람들은 자기가 정치 분야에서 무엇을 잘 알고 무엇을 잘 모르는지 명확하게 알고 있지만 정치 지식이 낮은 사람들은 전혀 몰랐거든요.

앞으로 선거철이 올 때마다 자기가 정치 전문가인 것처럼 행동하는 사람은 진짜 전문가가 맞는지 의심부터 해봐야겠습니다(...). 아마 대학교에서 정치학을 전공했거나 정치를 깊이 있게 공부한 사람들은 선거철이 오면 전문가처럼 행동하기는커녕 당선자가 누가 될 거냐고 물어보는 친구들을 귀찮아할지도 모릅니다. 당선자를 예상하더라도 자기가 한 예상에 큰 확신도 없겠죠. 정치인에게도 본인의 선거 결과를 예

측하기란 정말 어려운 일인 걸요.

흥미롭게도 더닝 크루거 효과를 지식에만 적용할 수 있는 건 아닙니다. 노래 실력이나 유머감각 등과 같은 재능에도 더닝 크루거 효과를 적용할 수 있답니다. 간혹 TV에서 가수 오디션 프로그램을 보면 누가 봐도 노래 실력이 너무 떨어지는데 자신의 실력을 전혀 모르는 듯한 사람들이 있습니다. 하지만 자신감 하나만큼은 그 어떤 지원자보다 높죠. 시청자들은 이런 장면을 보며 황당해하지만 노래 실력이 없는 참가자는 탈락 후 크나큰 충격에 빠지곤 합니다. 오디션에서 탈락한 이후에도 왜 떨어졌는지 이해 못하고 심사위원들이 보는 눈이 없다고 말하죠(...).

이처럼 더닝 크루거 효과는 수많은 분야에서 가짜 전문가들을 만듭니다. 가짜 전문가들은 자신감이 넘치기 때문에 다른 사람들이 가짜 전문가인지 아닌지 판별하기도 매우 어렵죠. 자기가 전문가라고 착각하는 사람들에게도 큰 문제가 발생하는 건 마찬가지입니다. 자신의 지식이 부족하기 때문에 생겨나는 각종 문제들을 극복할 수 없게 만들어 버리거든요. 그래서 더닝 크루거 효과가 야기하는 문제는 생각보다 심각합니다.

그런데 더닝 크루거 효과가 지식이 부족한데 근거 없는 자신감만 넘치는 사람들에게만 문제가 되는 건 아닙니다. 많은 지식을 갖게 된 사람들에게는 오히려 근거 없는 불안감(...)이 너무 심하게 나타나기도 하거든요.

예를 들어 오래 전부터 꾸준히 쌓아 온 많은 지식을 바탕으로 크게 성공을 거둔 사람들이 자신의 성공을 지식 덕분이 아니라 운 덕분으로 돌리는 식입니다. 스스로가 능력 이상의 명예와 부를 누리고 있다고 생각하는 거지요. 자신감도 낮기 때문에 겉으로 보면 이 사람이 정말 전문가가 맞나 싶기도 합니다. 이처럼 스스로의 지식과 실력을 너무 낮게 평가하는 정신질환을 가면증후군이라고 부릅니다.

우리가 잘 알고 있는 유명한 과학자들 중에서도 가면증후군을 앓던 사람이 많습니다. 상대성이론을 발표한 과학자 아인슈타인을 모르는 분은 거의 없을 텐데요. 아인슈타인도 가면증후군을 앓았던 과학자 중 한 명이었습니다. 아인슈타인은 당시에 전 세계에서 가장 유명한 과학자였지만 정작 아인슈타인은 스스로를 사기꾼(?)으로 규정하고 자신의 연구 성과가 받는 관심과 존경을 너무 과분한 것으로 여겼다고 합니

더닝 크루거 효과를 그래프로 나타내면 다음과 같습니다.

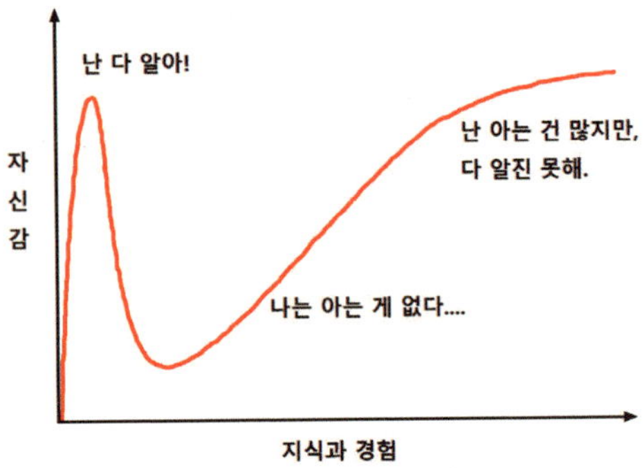

다. 이 정도 수준이면 단순한 겸손이라고 보기에는 어렵죠.

가면증후군은 사회적으로 큰 성공을 이룬 사람들에게서 주로 나타나는 것으로 알려져 있는데요. 의외로 젊은 학생들에게도 자주 나타나는 현상입니다. 자기가 실력보다 훨씬 높은 대학교에 진학했다고 생각하는 대학생이 좋은 예 중 하나입니다. 심지어 가면증후군을 앓고 있는 대학생들 중에서는 입학 과정에서 전산에 문제가 생겨서 자기가 입학할 수 있었던 거라고 생각하는 사람들도 있었다고 하네요(...).

대학원생들도 마찬가지인데요. 평소에 충분히 좋은 연구 성과를 내고 있는 대학원생이 다른 동료들의 연구 성과를 보면서 박탈감을 느끼는 사례가 꽤 많습니다. 동료보다 연구 성과가 부족한 거도 아닌데다 더 훌륭해도 말이죠.

지식이 얄팍한 사람은 근거 없는 자신감에 빠지고, 지식이 풍부한 사람은 가면증후군에 빠지니(...) 사람의 심리란 참 알다가도 모르겠습니다. 사람에게 스스로의 지식과 재능을 평가하기란 정말 어려운 일인 것 같아요.

더닝 크루거 효과가 우리에게 주는 교훈은 스스로가 아는 것과 모르는 것을 명확히 구분할 수 있어야 한다는 겁니다. 특히 지식인의 길을 나아갈 거라면 더욱 중요하겠지요. 그렇다면 우리가 더닝 크루거 효과를 극복하고 여러분 자신이 가진 지식과 재능을 명확히 알기 위해서는 어떻게 해야 할까요?

가장 좋은 방법은 바로 본인을 제외한 다른 사람들에게 꾸준히 피드백을 받는 겁니다. 스스로가 스스로의 지식 수준을 평가하는 것은 어려우니 다른 사람에게 자기 자신에 대한 평가를 맡기는 거죠. 만약 주변 사람들이 여러분이 잘 모르는 점이나 부족한 점에 대해서 이야기하는 일이 많다면 이건 근거 없는 자신감일 가능성이 높을 겁니다.

하지만 피드백의 과정은 내가 아는 게 아무것도 없다는 잔혹한 현실과 마주할 수도 있는 과정이기에 받아들이기가 쉽지 않습니다(…). 다른 사람들이 나의 실력을 완전히 잘못 바라보고 있다며 합리화해버리는 사람들도 엄청 많죠. 하지만 더닝 크루거 효과를 극복하려면 반드시 다른 사람들이 나의 실력을 어떻게 평가하고 있는지 진지하고 냉정하게 생각해봐야 합니다.

그래도 이 고통스러운 피드백 과정을 잘 극복한다면 내가 모르는 것이 무엇인지 깨닫게 될 것이고, 내가 모르는 것을 하나 둘 채워나가는 과정에서 더욱 풍부한 지식을 얻게 될 겁니다.

과학의 참사편 : 주식투자 최대의 적은 자신감

요즘은 주식투자가 열풍입니다. 특히 20~30대들은 취업난과 맞물려 주식투자자의 비율이 점점 늘어나고 있죠. 그렇다면 이들의 투자 성적을 분석한 결과는 어땠을까요? 흥미롭게도 여성 투자자의 수익률이 남성 투자자의 수익률보다 약간 높은 경향을 보였습니다. 미국의 글로벌 투자업체인 피델리티도 여성 투자자의 수익률이 남성 투자자보다 약 0.4% 높다는 사실을 발견했죠.

왜 이러한 현상이 나타나는 것일까요? 다양한 이유가 있을 것으로 추정되지만, 남성이 여성보다 주식투자에 대한 자신감이 높고 자기과신을 많이 하기 때문(...)이라는 것이 전문 투자자들의 의견입니다. 실제로 주식투자를 할 때 남성은 여성보다 위험성이 높은 자산을 쉽게 선택하고, 사고파는 횟수도 여성보다 훨씬 많지요.

인터넷 커뮤니티에서도 '주식투자로 100% 수익률을 냈다'거나 '주식으로 돈을 버는 것은 어렵지 않다'고 주장하는 사람들을 쉽게 볼 수 있는데요. 이런 사람들은 대부분 주식투자 경험이 1년도 채 되지 않은 남성인 경우가 대부분입니다(...). 이렇게 자신감이 넘치다 얼마 지나지 않아 막대한 돈을 잃고 주식투자를 그만두는 일도 흔하죠.

정작 투자 경험이 많은 사람들은 이런 자신감 넘치는 발언을 쉽게 내뱉지 않습니다. 전문 투자자들은 주식투자가 배우면 배울수록 어렵고

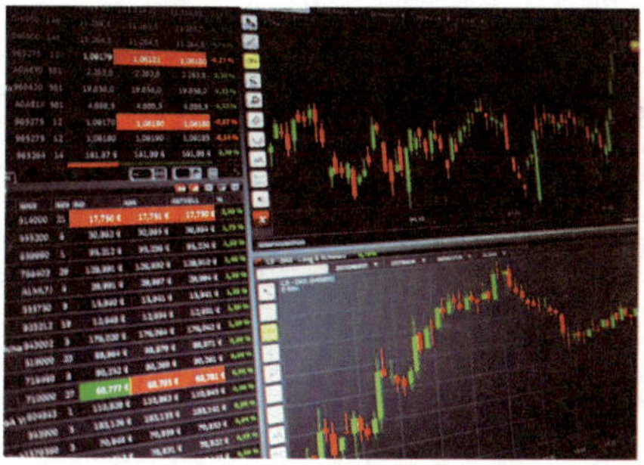

남성은 여성보다 주식투자 수익률이 낮은 경향이 있습니다.

복잡한 분야라고 말합니다. 자산 하나를 잘 사서 많은 돈을 벌었어도 내려가기 전에 팔지 못했다면 아무 의미 없고, 팔아서 돈을 벌었다 하더라도 나중에 자산 하나를 잘못 사서 돈을 잃으면 결과적으로 아무런 이익도 얻지 못하는 셈이니까요. 몇 년간 주식투자로 꾸준히 돈을 잘 벌다가도 갑작스럽게 경제위기가 찾아와 지금까지 번 돈을 모조리 잃는 사람들도 흔하고요.

성공적인 주식투자를 위해서는 자신의 투자 실력이 어느 정도인지 확실하게 파악해야 합니다. 만약 주식투자에 자신감이 넘치는 분이 계신다면 투자 경력을 얼마나 쌓았는지 살펴보시기 바랍니다. 투자 경력이 짧은데 자신감만 넘친다면 앞으로 큰 돈을 잃게 될 거라는 위험신호입니다(!).

3장. 설마 했는데 정말이었어?

15

비만을 극복하는
가장 좋은 방법은 따로 있다?

다이어트

다이어트는 무조건 적게 먹고 운동을 많이 해서 살을 빨리 빼는 게 전부일까요? 몇 년 전에는 이러한 다이어트 방법이 정석이었을지는 몰라도, 지금은 아닙니다. 살을 빨리 뺐다면 그만큼 금방 다시 살이 찌게 되어 있거든요. 그렇다면 어떠한 다이어트 방법이 가장 올바르고 과학적이라고 할 수 있을까요?

설탕, 밀가루, 쌀 같은 하얀 음식은 절대 먹지 않아요.
그건 독이나 다름없거든요.
- 미란다 커 (호주 모델) -

비만이란 체내에 지방이 너무 비정상적으로 많이 축적되어 생기는 질병을 말합니다. 현재 약 전 세계인구의 30%가 과체중 또는 비만으로 고통받고 있을 정도로 비만은 전 세계적으로 심각한 문제지요.

아마 이 책을 읽는 독자분들 중에서도 비만으로 인해 심각한 스트레스를 받거나 다이어트를 위해 고군분투했던 경험이 있으신 분이 계실 것 같네요. 선천적으로 살이 찌지 않는 축복받은(!) 몸을 가진 분이라도 주변에서 비만으로 고민하는 친구나 다이어트를 열심히 하는 친구가 꽤 있을 거고요. 그만큼 비만은 많은 사람들의 골칫거리입니다. 인류의 건강을 위협하는 요소를 딱 하나만 꼽으라면 대부분 비만이라고 말할 정도니까요.

이쯤 되면 우리 몸이 너무 원망스럽게 느껴지기도 합니다. 안타깝게도 사람의 몸은 굉장히 적극적으로(...) 영양소를 지방의 형태로 변환시켜서 우리 몸 곳곳에 저장해 둡니다. 팔, 다리는 물론이고 배와 얼굴에까지 말이죠. 심지어 어떤 사람들은 음식을 조금만 먹어도 무섭게 몸 곳곳에 살이 찝니다. 그래서 사람의 몸은 지방 친화적(!)이라는 말까지 나오지요.

상황이 이렇다 보니 우리는 가끔 음식을 아무리 많이 먹어도 살이 찌

지 않는 멋진(?) 세상을 꿈꾸기도 합니다. 음식을 아무리 많이 먹어도 우리 몸이 영양소를 지방으로 저장하지 않고 바로 몸 밖으로 배출해 준다면 얼마나 좋을까요? 아마 사람들은 평생 비만 때문에 걱정할 필요가 없게 될 것입니다. 음식을 먹고 싶은 만큼 배가 터질 때까지 먹어도 되고, 살을 빼기 위해 바쁜 시간을 투자해 가며 운동을 할 필요도 없겠죠. 생각만 해도 기분이 좋아지지 않나요?

어찌 보면 우리 몸은 계속 지방을 저장하는 잘못된 선택만을 하는 멍청한 녀석 같기도 합니다. 우리 몸은 살이 많이 쪘든, 찌지 않았든 간에 음식만 한 번 먹었다 하면 계속 쉬지 않고 살을 찌울 줄밖에 모르니까요(...). 지금보다 살이 더 찌면 성인병 등으로 인해 건강이 나빠질 수도 있는 상황에서도 말이에요.

그런데 알고 보면 비만의 원인이 무조건 우리 몸의 잘못된 선택 때문이라고 할 수는 없답니다. 우리 몸이 이렇게까지 지방 축적을 하는 데에는 기구한 사연이 있거든요.

지구상에 최초의 인류가 등장한 지 어느덧 500만 년 정도가 흘렀습니다. 이 기간에 인류가 어떠한 삶을 살아왔는지 생각해 봅시다. 지금 우리는 음식을 먹고 싶을 때 얼마든지 먹고, 쉬고 싶을 때 언제든지 침대에 누워 휴식을 취하는데요. 사실 이건 몇백 년 전만 해도 불가능한 이야기였습니다. 인류가 문명을 형성하기 전에는 직접 수렵과 채집을 통해 식량을 구하는 것 외에는 음식을 먹을 수 있는 마땅한 방법이 없었습니다. 사냥에 실패한 날은 집단 모두가 굶어야 했죠.

그렇다고 해서 문명이 형성된 후 사람들이 굶주리는 일이 줄어든 것은 아닙니다. 굶주림을 걱정할 필요가 없는 사람들은 오직 소수의 귀족뿐이었죠. 사람들은 대부분 가뭄이나 홍수와 같은 자연재해가 찾아온 해에는 농사에 실패해서 한 해 동안 굶는 것 외에는 마땅한 방법이 없었습니다. 우리나라도 예외는 없었기에 조선시대 사람들은 배고픔을 달래기 위해 나무껍질(...)을 먹곤 했지요. 그래서 당시 비만은 부의

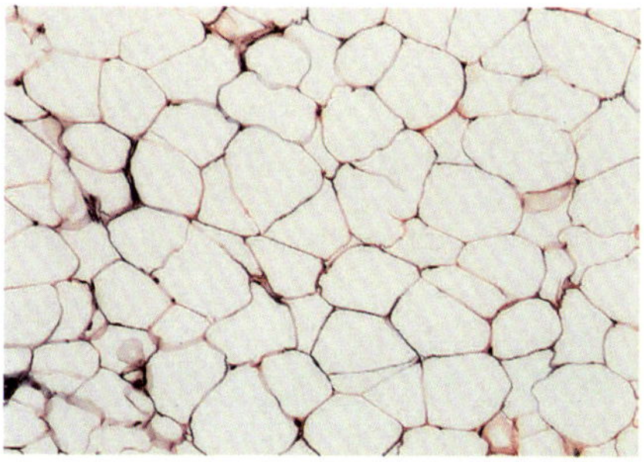

우리의 몸은 음식을 많이 먹으면
바로 배출하지 않고
지방의 형태로 몸 곳곳에 저장합니다.

상징이었습니다. 실제로 날씬한 여자보다는 통통한 여자가 과거에는 미인으로 불렸다는 기록도 남아있죠.

특히 우리나라는 불과 몇십 년 전만 해도 지금처럼 풍요롭지 않았기에 이런 현상을 찾아보기가 더욱 쉽답니다. 1970년 이전에 태어난 사람들 사이에서 비만은 그렇게까지 나쁘게 받아들여지지 않거든요. 살이 어느 정도 찐 남자들은 사장님 스타일이라고 부르고, 여자들은 성격 좋을 것 같다고 말할 정도니까요.

이런 열악한 환경에서 인류가 생존할 수 있는 가장 좋은 방법은 영양소를 몸에 저장해 두었다가 식량이 부족할 때 사용하는 것뿐이었답니다. 결국 사람들은 음식을 많이 먹으면 몸 밖으로 바로 배출하지 않고 지방의 형태로 몸 곳곳에 저장하는 지방 친화적인 몸을 가지게 되었죠. 생존을 위해서는 어쩔 수 없었던 겁니다.

그런데 과학기술이 발전하면서 환경이 완전히 달라졌습니다. 화학비료의 등장으로 작물을 대량으로 생산하고, 냉장고의 등장으로 음식을 장기간 보관할 수 있게 되었으며, 자동차의 등장으로 음식을 먼 곳까지 운반할 수 있게 된 거죠. 게다가 기계의 등장으로 사람들의 노동을 상당 부분 기계가 대체했습니다. 우리 몸으로 들어오는 음식의 양은 많아졌는데 소모하는 에너지의 양은 엄청나게 감소한 거죠.

급기야 몸에 축적된 지방의 양이 건강에 나쁜 영향을 줄 정도로 많아지는 지경에 이르렀습니다. 이때 걸리는 질병이 비만이죠. 결국 비만은 우리 몸이 급격하게 풍족해진 환경에 적응하지 못하면서 생겨난 것

이라고 할 수 있습니다. 우리 몸은 여전히 주변의 환경을 음식이 부족하고 과도한 노동력이 필요한 곳으로 인식하고 있는 거죠.

이런 이유로 다이어트는 굉장히 힘들고 고통스러운 일입니다. 다이어트는 몸으로 들어오는 음식의 양을 줄이고 신체 활동을 늘려서 지방을 소모해야 합니다. 하지만 우리는 음식이 주는 유혹을 쉽게 떨쳐버리지 못할 뿐 아니라, 몸을 활발하게 움직이는 것을 귀찮아합니다. 사람의 몸은 바로 앞에 음식이 있으면 굶주릴 미래를 대비하기 위해 과하게 먹으려 하고, 신체활동을 최소화해서 에너지 소모는 최대한 줄이도록 만들어졌기 때문입니다. 그러므로 다이어트는 이러한 본성을 모두 억제할 엄청난 의지와 정신력(...)이 필요합니다.

이제 우리는 우리 몸이 왜 이렇게까지 몸 곳곳에 지방을 축적하는지 잘 알게 되었습니다. 그렇다면 이를 통해 어떤 식으로 다이어트를 해야 올바른 다이어트라고 할 수 있는지 생각해봅시다.

그만 먹는 게
좋지 않아?
아냐. 또 언제
굶을 줄 알고.
맞아!
더 먹어야 해!

많은 사람들에게 가장 잘 알려진 일반적인 다이어트 방법이 뭔지 아시죠? 음식을 최대한 덜 먹고 운동을 열심히 하는 겁니다. 그러나 이러한 행위는 어쩌면 그리 좋은 방법이 아닐 수 있답니다. 일단 단기간 안에 체중이 줄어들기는 하는데요. 우리 몸이 급격하게 체중이 줄어든 기간 동안에 심각한 위기감을 느끼기 때문이죠. 주변 환경을 음식이 급격하게 줄고 노동력이 늘어난 환경으로 인식하는 겁니다. 그러면 우리 몸은 더욱 적극적으로(...) 몸에 지방을 축적하려 합니다. 한 번 섭취할 수 있는 최대 음식량을 늘리는 방식으로 말이죠.

실제로 우리는 다이어트로 짧은 기간 동안 급격하게 살을 빼고 엄청난 배고픔을 느끼며 폭식하는 사람들을 쉽게 볼 수 있습니다. 이런 사람들은 대부분 살을 뺀 지 얼마 지나지 않아 몸무게가 다시 원래대로 돌아오는 경우가 많습니다. 그러므로 무조건 적게 먹고 운동을 많이 하는 다이어트는 더 이상 도움이 되지 않습니다. 굶으면 굶을수록 살이 빠지기는커녕, 오히려 살이 잘 찌는 체질로 변화한다고 보시면 됩니다(...).

이러한 다이어트 방식이 얼마나 잘못된 것인지는 스탠포드대학교의 연구를 통해 알 수 있답니다. 스탠포드대학교의 연구진들은 다이어트에 성공한 사람들이 5년 후에도, 그리고 10년 후에도 체중유지를 잘 하고 있는지 조사를 했는데요. 5년 후에는 오직 5%의 사람들만이 다이어트 이후의 체중을 유지하고 있었고, 10년 후에는 단 1%의 사람들(...)만이 체중을 유지하고 있었다고 합니다. 남은 99%의 사람들은 엄

할리우드 스타들은 영화 촬영을 끝내고 나면 다시 살이 찌는 일이 흔합니다.

청난 노력을 해가며 다이어트를 했는데도 결국 5~10년 만에 체중이 원래대로 되돌아온 거죠.

이처럼 뺐던 살이 다시 원래대로 돌아오는 현상을 요요현상이라고 합니다. 다이어트를 하는 사람들의 99%가 요요현상을 겪는 셈이지요. 요요현상은 일부의 사람들에게만 나타나는 거라고 알려져 있는데요. 알고 보면 거의 모든 사람들이 다이어트 이후에 요요현상을 겪는답니다. 다이어트의 가장 큰 적이라고 해도 과언이 아니지요.

멀리 갈 필요 없이 미국의 할리우드 스타들의 모습에서 요요현상을 쉽게 접할 수 있습니다. 할리우드 스타들은 영화 촬영이 일단 시작되면 가혹한 다이어트를 통해 짧은 시간 안에 멋진 몸을 만듭니다. 온 몸이 근육질로 가득하고, 배에는 복근이 선명하게 보일 정도지요. 그런데 촬영이 끝나고 나면 굉장히 빠른 속도로 몸무게가 되돌아옵니다(!). 그리고 몇 달 전만 해도 있었던 복근은 온데간데없고 배가 불룩해지고 말지요.

이런 할리우드 스타는 한둘도 아니고 엄청 많습니다. 심지어는 다이어트에 성공하고 심각한 후유증을 앓고 있는 할리우드 스타들도 여럿 있죠. 모두가 다 아는 최고의 할리우드 스타 안젤리나 졸리도 3주간 음식 섭취량을 대폭 줄여서 10kg를 뺐지만, 호흡곤란과 어지럼증을 호소하다가 쓰러진 적이 있습니다.

그렇다면 우리는 어떻게 다이어트를 해야 할까요? 일단 다이어트를 하는 동안 우리 몸이 위기감을 갖지 않도록 달래는(...) 게 제일 중요합니다. 성공적인 다이어트는 짧은 기간에 급격하게 체중을 줄이는 게 아니라, 오랫동안 체중을 조금씩 줄여나가면서 몸의 변화를 유도하는 것입니다. 평소에는 해 본 적도 없는 가혹한 운동을 시작하고 음식 섭취량을 대폭 줄이는 대신에, 부드러운 운동부터 천천히 시작하고 음식 섭취량도 천천히 줄여나가는 거지요.

그리고 너무 먹고 싶은 음식이 있으면 적절하게 먹어주는 것도 필요하답니다. 먹고 싶은 음식이 지방이 가득하고 당분이 많더라도 말이죠. 적절한 당분 섭취는 오히려 음식의 유혹에 넘어갈 가능성을 줄여준다는 연구 결과도 있으니 크게 걱정하지 않으셔도 됩니다.

이런 식으로 유연한 다이어트를 하면 우리 몸은 운동에 익숙해지고, 줄어드는 음식 섭취량에도 차츰 적응해 나가면서 체중을 줄이기 시작합니다. 사람들은 대부분 짧은 시간 안에 빨리 살을 빼는 방식의 다이어트를 선호하기에 조금 실망스러울 수도 있는데요. 요요현상을 줄이고 다이어트로 인한 건강 악화가 발생하지 않길 바란다면 가장 좋고 확실한 방법이랍니다. 다이어트를 하는 이유가 대부분 건강을 위해서라는 걸 생각하면 이렇게 길게 보고 다이어트를 하는 게 가장 올바르다고 할 수 있겠죠.

그리고 다이어트가 진행 중인 기간에는 스트레스를 받지 않는 것도 중요합니다. 스트레스도 우리 몸이 위기감을 느끼게 만들거든요. 실제로 다이어트 기간에 많은 스트레스를 받아서 다이어트를 쉽게 포기하고 폭식하는 분들이 많습니다. 그러므로 다이어트를 할 때는 목표를 정해두고 압박감을 느끼기보다는 몸과 마음의 여유를 가지는 게 제일 좋습니다. 주변 사람들도 살을 빼라고 잔소리(...)를 하기보다는 응원과 독려를 해줘야 하고요.

인터넷을 보면 원푸드 다이어트, 간헐적 단식, 저탄수화물 다이어트, 양배추 다이어트, 늑대인간 다이어트(?) 등 셀 수 없이 많은 다이어트 방식들을 찾아볼 수 있습니다. 그러다 보니 사람들은 어떤 다이어트 방식이 가장 효과가 좋을지 고민을 하는데요. 사실 어떤 방식으로 다이어트를 하던지 간에 살을 빼는 효과는 다 거기서 거기입니다(...). 몸으로 들어오는 음식의 양을 최소화하고 열량이 적은 음식을 섭취하는 기본적인 원리는 똑같거든요.

중요한 건 어떤 방식을 선택하든 잠깐 하고 포기해 버리면 아무 의미가 없다는 것입니다. 그러므로 어떤 다이어트 방식이 내게 맞을지 고민된다면 어떤 방식이 내게 가장 '지속 가능한' 방식일지를 제일 먼저

고려해야 합니다. 살을 뺀 이후에도 기존의 생활방식을 계속 유지하며 체중을 유지하는 게 다이어트의 핵심이니까요.

이 책을 읽는 독자 분들 중에서도 다이어트를 생각 중인 분이 계실 것 같은데요. 스트레스를 받아가며 서둘러 살을 빼야겠다는 생각보다는 가벼운 마음으로 생활습관을 하나둘씩 개선해간다는 생각으로 다이어트를 하셨으면 좋겠습니다. 살이 빠지는 속도가 느릴 것이기에 당장은 괴로울 수 있지만, 길게 본다면 다이어트의 최종 승자가 되어 계실 것입니다.

과학의 희망편 : 병원에서 다이어트를 한다?

웬만한 사람들보다 지방이 몸에 더 잘 축적되는 사람들이 있습니다. 어린 시절부터 고도비만으로 고통받고, 아무리 식이요법과 운동요법을 병행해도 살이 쉽게 빠지지 않지요. 이런 사람들은 수술만이 유일한 다이어트 방법이랍니다.

현재 우리나라에서 시행되고 있는 대표적인 다이어트 수술은 위밴드 수술입니다. 실리콘 밴드로 위를 조여 음식을 조금만 먹어도 포만감을 금방 느낄 수 있게 하지요. 수술을 마치고 나면 일주일마다 1~2kg의 살이 빠지고, 6개월이 지나면 무려 20~50kg의 살이 빠지는 것으로 알려져 있어요.

만약 위밴드 수술로는 체중 감량이 어렵다고 판단되면 좀 더 극단적인 방법이 필요합니다. 위의 일부분을 잘라 위의 용적량을 줄이는 위 절제 수술, 위를 소장 중간 부분부터 연결해서 영양소의 흡수를 제한하는 위우회 수술이 있죠.

별 노력 없이 살을 빼기에는 최고의 방법 같다고요? 하지만 당뇨병이나 고혈압이 발생할 정도의 고도비만 환자가 아니라면 받을 수 없는 수술입니다. 위의 용적량이 줄어들기 때문에 음식물이 식도로 역류하기도 하고, 심하면 탈장이나 위궤양과 같은 합병증이 발생하기도 하거든요. 생각보다 부작용이 심각한데요. 이 모든 부작용을 감수해야 할

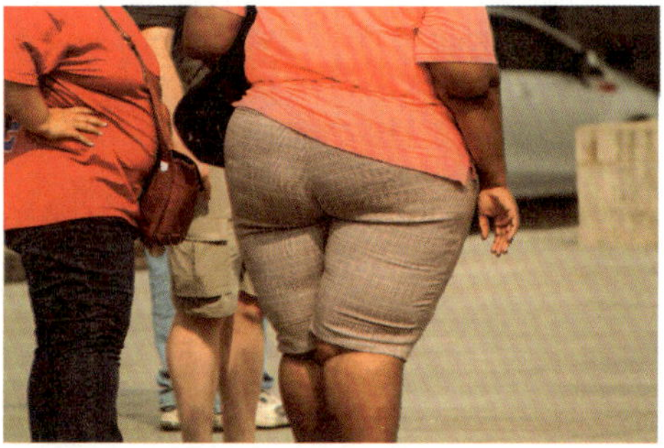

비만이 너무 심하면 수술로
비만을 해결할 수 있습니다.

정도로 건강이 매우 나쁜 고도비만 환자만 수술을 받는다고 보시면 될 것 같습니다(...).

결국 일반적인 비만으로는 수술을 받을 수 없는 셈인데요. 그렇다고 해서 실망하실 필요는 없답니다. 최근에는 수술 없이 알약만 삼키면 알약이 위에서 풍선처럼 부풀어 올라 위의 용적률을 줄여주는 시술도 도입되는 추세거든요. 알약을 먹고 약 4개월이 지나면 무려 10kg의 살이 빠진다고 합니다. 위에 소개해 드린 수술 방법에 비해 부작용이 적어서 주목받고 있답니다.

아마 지금처럼 꾸준히 다이어트 수술과 시술이 등장한다면 누구든지 간단한 치료와 적은 노력만으로도 다이어트를 할 수 있는 시대가 도래할 수도 있지 않을까요? 의사와 과학자들을 믿고 지켜봐야겠습니다.

16

이제 마케팅을 제대로 하려면 과학이 필요하다?

뉴로 마케팅

사람은 과연 품질과 가격을 철저히 고려하여 합리적인 소비만을 하는 존재일까요? 과학자들의 답변은 '그렇지 않다'입니다. 마케팅 분야의 종사자들은 사람들의 이러한 약점을 파고들어 뇌과학자들의 힘을 빌려서 '뉴로 마케팅'이라는 신종 학문을 만들었습니다.

> **마케팅은 너무나도 중요하기 때문에**
> **마케팅 담당 부서에만 맡겨 두어서는 안 된다.**
> **– 데이비드 패커드 (미국의 정치인) –**

콜라는 성분만 놓고 보면 99%의 설탕물과 1%의 정체를 알 수 없는 비밀성분을 섞은 단순한 음료에 불과하지만, 그 이상의 문화적 가치를 가진 상품입니다. 전 세계에서 콜라가 보급되지 않은 곳은 거의 없을 정도니까요. 특히 치킨이나 피자를 먹을 때 콜라는 절대 빼놓을 수 없는 탄산음료입니다.

전 세계 콜라 시장을 주도하는 기업은 코카콜라와 펩시콜라 두 곳입니다. 여러분은 두 곳 중 어디서 만드는 콜라를 더욱 좋아하시나요? 사람들은 대부분 자판기 앞에서 파란색의 펩시콜라 캔보다는 빨간색의 코카콜라 캔을 선택한다고 합니다. 아마 독자 여러분도 펩시콜라와 코카콜라를 모두 선택할 수 있는 자판기 앞에서 무의식적으로 코카콜라를 선택한 적이 자주 있으셨을 것입니다. 이들에게 코카콜라를 선택한 이유를 물어보면 간단합니다. 맛있어서도 아니고, 양이 더 많아서도 아닙니다. 그냥 코카콜라가 좀 더 끌렸을 뿐이죠.

실제로 코카콜라는 펩시콜라보다 전 세계 사람들 사이에서 더욱 강력하고 호의적인 이미지를 가지고 있습니다. 그래서 콜라 판매 순위를 보면 1위는 항상 코카콜라입니다. 펩시콜라는 수십 년째 2위 자리만 지키고 있죠. 펩시콜라 입장에서는 굉장히 열 받는(...) 일일 수밖에 없

여러분은 코카콜라와 펩시콜라 중 뭐가 더 끌리시나요?

습니다. 펩시콜라가 코카콜라에 밀리는 원인을 찾아야 1위 자리를 쟁탈할 수 있는데, 콜라 소비자들은 그냥 코카콜라가 더 끌릴 뿐이라는 이해할 수 없는 말만 반복하고 있으니까요.

이대로 가만히 보고만 있을 수 없었던 펩시콜라는 1980년대 중반 전 세계 수십만 명을 대상으로 블라인드 테스트를 진행했습니다. 콜라 상표를 가린 후, 사람들에게 코카콜라와 펩시콜라를 시음하게 해서 어떤 콜라가 더 맛있는지 물어봤죠. 놀랍게도 사람들은 펩시콜라가 더 맛있다고 답했습니다. 심지어 평소에 코카콜라를 즐겨 먹는 사람들도 블라인드 테스트에서는 펩시콜라가 더 맛있다고 답할 정도였죠.

사람들은 콜라의 맛은 별로 상관하지 않고 오직 코카콜라가 가지는 브랜드 이미지만으로 코카콜라를 더욱 선호하고 있었던 겁니다. 아마 코카콜라만이 가지는 흥미로운 스토리와 비밀스럽게 이뤄지는 제조, 창의적인 기업 환경, 올림픽이나 월드컵과 같은 국제적인 스포츠 행사를 적극적으로 후원하는 스포츠 마케팅 등이 코카콜라만의 독특하고 선호되는 이미지를 만들어냈을 것이라 예상해볼 수 있습니다.

펩시콜라의 블라인드 테스트 이후로 전 세계 마케팅 시장에는 큰 변화가 일어났습니다. 제품의 값이나 품질만으로는 다른 경쟁 기업과 승부를 보기가 어렵다는 것을 기업들이 깨달은 거죠. 전 세계 글로벌 기업들이 막대한 돈을 들여서 기업을 대표하는 독창적인 로고를 제작하고, 본인들만의 슬로건을 내세우고, 구매욕을 자극하는 광고를 만드는 이유는 바로 여기에 있을 것입니다.

우리 스스로는 제품을 구매할 때 값이 싸고 품질이 좋은 것을 잘 고르고 있다고 생각합니다. 그런데 정말로 그럴까요? 코카콜라와 펩시콜라의 사례만 봐도 알 수 있듯이, 인간은 합리적인 소비가 거의 불가능한 존재입니다. 값도 굉장히 비싸고 품질이 떨어짐에도 브랜드 하나만 믿고 제품을 구매하는 일이 워낙 흔하거든요. 값이 월등하게 비싼 명품뿐 아니라 평범하게 보이는 일반적인 제품(!)조차도 그렇게 구매하는 경우가 흔합니다.

기능성 자기공영영상장치로
뇌의 활성화된 부위를 알 수 있습니다.

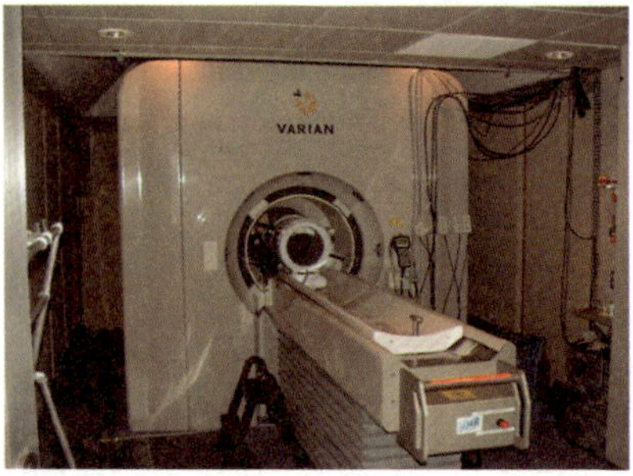

그렇다면 사람들의 이런 비합리적(...)인 소비는 도대체 어떻게 이루어지는 걸까요? 뇌과학 연구를 통해서 이에 대한 답을 찾고 소비자들의 구매 태도를 분석하여 기업의 마케팅에 적용하는 것을 '뉴로 마케팅'이라고 합니다. 과학과는 아무런 연결고리가 없어 보이는 경영학의 한 분야인 마케팅학이 뇌과학과 만난 거죠.

뉴로 마케팅을 하려면 일단 사람 뇌를 분석할 수 있어야겠죠? 이때 사용되는 장치가 바로 기능성 자기공명영상장치(fMRI)입니다. 사람의 뇌는 특정 부위를 사용하면 그 부위에 더 많은 혈액이 공급되는 특성이 있습니다. 혈액을 통해 산소를 공급받아야 뇌가 원활하게 기능할 수 있거든요. 그러므로 혈액에 의해 산소가 활발하게 공급되는 위치를 알아낸다면 뇌가 활성화되는 부위가 어디인지 발견할 수 있을 것입니다.

이를 위해서 혈액 속에 있는 헤모글로빈을 이용합니다. 헤모글로빈은 뇌의 특정 부위에 산소를 전달해주는 과정에서 화학적 구조가 변화하는데요. 기능성 자기공명영상장치는 헤모글로빈의 화학적 구조 변화가 활발하게 일어나는 뇌의 위치를 찾아내서 활성화된 뇌 영역을 발견한답니다.

뇌과학자들은 이 기능성 자기공명영상장치를 이용해서 오래전부터 영화 예고편이나 제품 광고, 정치인의 얼굴을 볼 때 사람의 뇌 속에서 어떠한 변화가 일어나는지를 연구해 왔습니다. 이러한 뇌과학과 기능성 자기공명영상장치의 발전에 가장 큰 수혜를 본 분야 중 하나가 바로 마케팅 분야인 거지요.

기능성 자기공명영상장치를 이용한 뉴로 마케팅의 시작은 역시 코카콜라와 펩시콜라였습니다. 뇌과학자들은 기능성 자기공명영상장치로 코카콜라와 펩시콜라를 구매하는 소비자들의 뇌 반응을 분석했는데요. 결과가 굉장히 흥미로웠습니다. 일단 콜라 상표를 가리고 콜라를 마시게 했을 경우 코카콜라와 펩시콜라 모두 보상 반응을 담당하는 전두엽의 활성화가 관찰됐습니다. 달콤한 맛은 뇌에서는 보상을 의미하거든요.

재미있는 내용은 다음부터입니다. 상표를 보여주고 콜라를 마시게 하면 어떠한 실험결과가 나왔을까요? 우선 코카콜라 브랜드를 보여준 후 시음하게 하면 전두엽과 함께 정서 및 기억을 담당하는 전전두엽과 해마가 함께 활성화됐습니다. 하지만 펩시콜라 브랜드를 보여준 후 시음하게 하면 전전두엽과 해마의 활성화가 일어나지 않았죠.

이 말은 뇌가 펩시콜라 상표보다는 코카콜라 상표에 더욱 강하게 반응했다는 의미입니다. 사람들이 코카콜라를 더욱 선호하는 이유를 뇌

과학적으로 분석하는 데 성공한 거지요. 이 연구는 기업이 가지는 브랜드 가치를 문화적 측면이 아니라 '과학적' 측면으로 설명한 최초의 연구라서 뇌과학자들뿐 아니라 마케팅학 경영학 분야에서도 엄청난 주목을 받았답니다.

최근에는 기능성 자기공명영상장치를 이용한 뇌 분석뿐 아니라, 뇌파 측정, 안구운동 추적, 자율신경계 반응 분석 등 다양한 방식으로 소비자들의 소비 패턴을 분석하는 연구가 활발해지고 있습니다. 눈동자의 움직임을 측정해서 제품의 어떠한 부분에 시선이 더 오래, 많이 머무는지 추적하거나, 어떠한 모양의 디자인이 사람의 자율신경계를 더 강하게 자극하는지를 측정하는 거죠.

이렇게 얻은 결과를 잘 활용한다면 제품의 디자인을 결정하거나 광고효과를 예상하고, 기업 로고를 어떻게 디자인해야 기업에 긍정적인 이미지를 가져다줄 수 있을지 파악할 수 있을 것입니다.

이처럼 뉴로 마케팅은 워낙 혁신적이고 가장 신뢰할 수 있는 과학적 자료를 활용한다는 점에서 등장 초기부터 엄청난 주목을 받아 왔습니다. 그래서인지 기존의 전통적인 마케팅 방식은 점점 비중이 줄어들고 그 자리를 뉴로 마케팅이 대체하는 추세랍니다. 뉴로 마케팅에 뛰어드는 기업이나 연구원들의 수가 점점 늘어나고 있고, 성공 사례도 하나 둘 생겨나고 있다는 게 이를 잘 보여주는 사례지요.

심지어 미국과 유럽에서는 아예 뉴로 마케팅 전문 컨설팅 기업이 잇

이건 코카콜라 입니다.
와! 코카콜라!

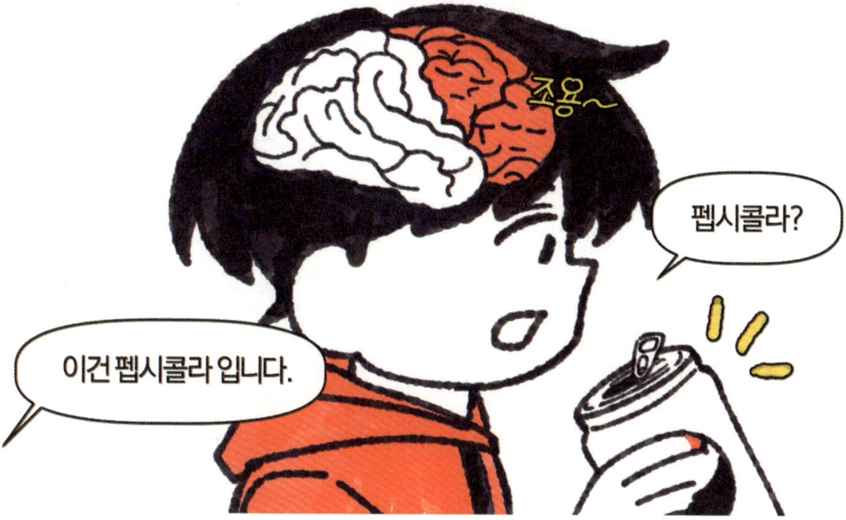
이건 펩시콜라 입니다.
조용~
펩시콜라?

달아 등장하고 있다고 하니까 말 다 했지요. 대기업들도 뉴로 마케팅에 막대한 돈을 투자하며 다양한 제품 판매에 유용하게 활용하고 있습니다.

그렇다면 뉴로 마케팅은 기존 방식의 마케팅에 비해 어떠한 장점이 있길래 이토록 기업들이 열광하는 걸까요? 원래 기업들은 소비자들을 대상으로 한 설문조사나 인터뷰를 통해 소비자들의 선호도를 분석하는 방식으로 마케팅 전략을 수립해 왔습니다. 하지만 설문조사나 인터뷰와 같은 방법들은 기업이 투자한 비용과 시간에 비해서 마케팅 성과가 적은 경우가 많습니다.

왜 그런지 아세요? 사람들은 설문조사나 인터뷰에 참여할 때 다른 사람들의 시선을 의식해서 본인의 진짜 생각과 다른 생각을 말하는 경우가 자주 있고, 사람들 스스로조차 자신이 무엇을 좋아하고 무엇을 원하는지 모르는 경우가 많기 때문입니다. 실제로 사람들은 제품을 구매할 때 왜 이것을 구매하는 것인지 깊이 고민하지 않고 거의 무의식적인 사고에 의해 구매합니다(...). 제가 위에 말씀드렸던 코카콜라와 펩시콜라의 사례만 봐도 그렇죠.

하지만 뇌는 거짓말을 하지 않습니다. 우리가 제품을 구매할 때, 또는 광고를 접할 때 가지는 모든 생각과 무의식은 뇌의 상태를 분석할 수만 있다면 알아낼 수 있는 것들이지요. 문제는 뇌의 상태를 어떻게 분석할 수 있느냐였지만, 뇌과학의 비약적인 발전으로 이제 이런 것들이 모두 가능해졌습니다.

아마 과학자들이 뇌의 비밀을 천천히 풀어가고, 뇌를 분석하는 기술이 발전하면 발전할수록 마케팅 기술도 점점 고도화되고 전문화될 것입니다. 게다가 뇌과학은 이제 막 첫 발걸음을 내딛은 신생학문이기에 전망도 무척이나 밝다고 할 수 있겠지요.

뉴로 마케팅은 실제 기업의 현장에서 어떻게 활용되고 있는지 궁금하지 않으신가요? 독자 여러분들이 흥미롭게 느낄 만한 사례 몇 가지를 알려드리고자 합니다.

뉴로 마케팅을 잘 활용하여 기업의 이미지를 개선하고 본인들만의 제품 생산에 성공한 기업 중 하나가 바로 일본의 자동차 기업인 혼다입니다. 혼다는 화난 사람 얼굴 모양의 오토바이인 Honda ASV-3를 개발해서 크게 주목을 받았습니다.

갑자기 사람 얼굴이 웬말이냐고요? 사람의 뇌에는 얼굴을 인식하는

혼다는 화난 사람 얼굴 모양의 오토바이로
브랜드 이미지를 구축하는 데 성공했습니다.

신경회로인 얼굴 뉴런이 있어서 사람 얼굴과 유사한 형태의 사물을 보면 더욱 민감하게 반응합니다. 실제로 우리는 사람의 신체 중에서 얼굴을 가장 많이 보고 살며, 얼굴을 통해 다른 사람의 감정을 파악하고 교감을 나누지요. 이게 가능한 이유가 바로 얼굴 뉴런 때문입니다. 혼다는 이 원리를 이용해서 오토바이 사고가 일어날 상황에서 사람들이 오토바이가 달려오고 있다는 사실을 더욱 빨리 인지할 수 있도록 하여 사고를 방지하려 했던 겁니다.

실제로 기능성 자기공명영상장치로 실험을 해본 결과, 그냥 평범한 디자인의 오토바이보다 얼굴 모양의 오토바이를 사람들이 더 빨리 발견했다고 합니다. 혼다는 이 오토바이를 출시한 이후로 자동차 사고와 오토바이 사고를 감소시키기 위해 노력하는 기업이라는 확고한 브랜드 이미지를 확보했다고 알려져 있습니다. 혼다는 지금도 자사 제품을 홍보할 때 '사람들이 안전하게 운전할 수 있고 사고 없는 사회를 만드는 게 안전에 대한 혼다의 철학'이라는 모토를 말하곤 하지요.

분야를 바꿔봅시다. 먹는 이야기를 빼놓으면 좀 아쉬울 겁니다(?). 집 근처 슈퍼나 편의점에서 판매하는 치토스 과자 먹어 본 적 있으시죠? 치토스는 뉴로 마케팅을 적용해서 텔레비전 광고와 과자봉지 디자인을 만들기도 했답니다.

치토스를 만드는 회사 프리토레이는 광고를 제작하기 전에 뇌파측정기를 활용하여 사람들이 치토스를 먹을 때 뇌의 어느 부분이, 언제 가장 활성화되는지를 분석하고자 했습니다. 분석 결과 사람들은 치토스를 먹은 후 손가락에 남은 주황색 치즈 가루에 가장 강렬하게 반응한다는 사실을 알게 되었습니다. 사람들이 의외로 치토스에 묻어 있는 치즈 가루를 싫어하거나 지저분하다고 느끼기보다는 은근히 좋아하고 즐기고 있다는 의미였지요. 사람들이 느끼는 치토스의 가장 큰 특징은 맛이나 모양 같은 것이 아니라 손에 묻는 가루였던 겁니다.

이후로 프리토레이는 손가락에 묻은 치토스 가루로 결벽증이 있는 직장 상사의 이어폰을 더럽히거나(...) 명함을 지저분하게 만드는 내용의 참신한 광고를 만들었습니다. 이 광고는 말로는 표현하기 어려운 묘한 통쾌함을 사람들에게 안겨주며 큰 화제를 모았죠. 광고로 큰 성공을 거둔 프리토레이는 과자봉지도 치즈 가루의 색과 같은 주황색으로 바꿔 출시했습니다. 치토스 과자봉지 색에 이런 숨겨진 이야기가 있었다니 놀랍지요?

우리나라의 기업들도 뉴로 마케팅을 적극적으로 도입하고 있습니다. 선두주자 중 하나가 바로 LG텔레콤입니다. LG텔레콤의 통화품질은 타 경쟁사와 비교해도 부족하지 않습니다. 하지만 스마트폰을 사용하는 소비자들은 어째선지 LG텔레콤이 제공하는 서비스 품질이 타 경쟁사보다 많이 떨어진다(...)고 생각하죠. 아마 스마트폰을 구매하실 때 몇 번 느껴보셨을 것 같습니다. 그래서 LG텔레콤은 기능성 자기공명영상장치 실험을 통해 마케팅 전략과 광고 전략을 수립하며 이미지 개선에 적극적으로 힘쓰고 있답니다.

뉴로 마케팅의 사례를 살펴보고 나니까 어떠신가요? 워낙 참신하고 독특한 사례들이 많아서 신기하고 대단하다고 느끼실 독자분들이 많을 것 같습니다. 알 듯 모를 듯 제품이나 브랜드 이미지에 대해서 공감이 되는 부분도 많을 것 같고요.

하지만 사람들이 모두 뉴로 마케팅을 긍정적인 시선으로 바라보는 것은 아닙니다. 뉴로 마케팅은 나쁘게 말하면 사람의 뇌 속에서 일어나는 일을 엿보고, 이를 바탕으로 사람들의 소비 심리를 조작하는 행위나 다름없거든요.

그러므로 만약 뉴로 마케팅이 과도해진다면 사람들의 현명하고 합리적인 소비를 위축시키고, 기업들도 제품의 품질 향상을 위해 힘쓴다기보다는 마케팅에만 힘쓰는 일이 벌어질 수 있습니다. 기업의 최대 목표는 이윤 창출인데, 제품의 품질을 낮춰 생산 비용을 줄이고 뉴로 마케팅에 약간의 비용만 투자한다면 최대의 이윤 창출이 충분히 가능할 테니까요. 질 좋은 제품을 구매하고 사용하는 것을 원하는 우리 입장

에서는 매우 화나는 일입니다.

뉴로 마케팅에 대한 이런 부정적인 이미지 때문에 뉴로 마케팅을 도입한 기업들도 본인들이 뉴로 마케팅을 사용한다는 사실이 외부로 알려지는 것을 원하지 않는 경우가 많답니다. 사람들의 뇌를 엿보고 제품을 판매하는 기업이라는 인식 자체가 브랜드 이미지에 악영향을 미칠 수 있거든요. 제품을 선택하고 구매하는 사람들도 기업에 의해 마인드컨트롤(?)되는 것을 그리 원치 않을 겁니다. 여러분도 약간 찜찜하지요?

뉴로 마케팅이 질이 떨어지는 제품도 이윤 창출을 가능하게 하는 기술로 악용되어서는 안 됩니다. 질이 좋고 훌륭한 제품을 사람들이 더 쉽게 접하고 친근감을 느낄 수 있게 도와야 올바른 사용이라고 할 수 있을 것입니다.

과학의 절망편 : 스타벅스 커피 블라인드 테스트

평소에 커피를 즐겨 마시는 사람들에게 어떠한 커피 체인점을 가장 많이 방문하냐고 물으면 대부분 스타벅스를 답합니다. 실제로 다른 커피 체인점이 손님이 없어 한산할 때에도, 스타벅스 매장은 항상 사람들로 북새통을 이루죠. 게다가 기프티콘도 다른 커피 체인점의 기프티콘보다 스타벅스 기프티콘이 압도적으로 인기가 높습니다.

사람들이 커피 체인점 중에서 스타벅스를 가장 많이 선호하는 이유는 사람들이 코카콜라와 펩시콜라 중에서 코카콜라를 더 선호하는 이유와 동일하답니다. 스타벅스의 초록색 간판을 보면 그냥 마음이 설레고, 무의식적으로 스타벅스를 선택하는 거지요. 아마 스타벅스를 자주 방문하는 사람들에게 스타벅스를 좋아하는 이유를 물으면 제대로 답변하지 못할 겁니다.

하지만 스타벅스에서 제공하는 커피가 인기만큼 맛이 좋을까요? 아쉽게도 그렇지 않습니다. 스타벅스는 커피 원두를 미국에서 로스팅한 후 한국으로 이송합니다. 로스팅 후 한국의 소비자들에게 공급되기까지 약 한 달의 시간이 걸리죠. 그동안 커피 원두의 신선도가 떨어지고 맛이 떨어질 수밖에 없습니다.

실제로 커피 본연의 맛을 추구하는 사람들은 스타벅스 커피를 그리 선호하지 않죠. 가장 좋은 품질의 커피를 마시고 싶다면 스타벅스에서

커피를 마시는 것보다는 다른 커피 체인점의 커피를 마시는 게 더 낫습니다. 아마 생각보다 많은 분들이 기업들의 이런 뉴로 마케팅에 홀려 본인도 모르는 사이에 비합리적인 소비를 하고 계시리라 생각합니다.

만약 평소에 스타벅스 커피를 즐겨 마시고, 스타벅스 커피가 제일 맛있고 신선하다고 생각하는 친구가 있다면 블라인드 테스트를 해보세요. 스타벅스 아메리카노와 함께 다른 커피 브랜드의 아메리카노를 여럿 준비하고 가장 맛있었던 아메리카노를 하나 고르게 하는 겁니다. 이 테스트에서 스타벅스 아메리카노를 고르는 친구가 과연 얼마나 될까요? 어쩌면 스타벅스 아메리카노보다 값이 훨씬 싼 커피 체인점의 아메리카노를 고를지도 모르지요(...).

4장. 여기에도 과학기술이 숨어 있었어?

17

현실에는 존재하지 않는 새로운 세계가 눈앞에!

가상현실

RPG(Role-playing game)란 가상 세계의 아바타를 키보드로 조작하여 레벨업을 하고 임무를 달성하는 게임을 말합니다. 가상 세계에서는 마법도 쓸 수 있고, 신기한 몬스터들도 볼 수 있죠. 만약 우리가 이런 가상 세계를 직접 체험할 수 있다면 어떨까요? 가상현실(VR) 기술이 머지않아 이를 가능하게 해줄 것입니다.

우리는 보통 현실은 꿈보다 못한 것이며 별개로 간주한다.
하지만 꿈, 가상현실, 추상적인 것 모두 현실의 일부분이다.
- 크리스토퍼 놀란 (영국의 영화감독) -

우리가 살아가는 현실은 시공간의 제약이 심합니다. 서울의 야경을 보려면 서울까지 차를 타고 가서 산을 올라야 합니다. 해외여행을 가려면 막대한 비용을 내고 비행기를 타야 하죠. 조선시대의 생활상을 체험해보고 싶어도 과거로 시간여행을 떠나는 방법이 전혀 없습니다. 강력한 마법(?)을 써서 악을 해치우는 영웅이 되고 싶어도 마법을 쓸 수 있는 사람은 현실에 없죠.

그래도 사람들은 가끔 과거로 시간여행을 떠나거나 마법을 마음껏 다룰 수 있는(!) 자신의 모습을 상상하곤 합니다. 드라마나 영화 혹은 게임에서도 이러한 소재를 많이 다루지요. 그만큼 많은 사람들이 시공간의 제약이 없는 세상을 꿈꾼다는 의미이기도 합니다. 현실에서는 불가능한 일이라는 걸 잘 알면서도 말이에요.

그런데 현실의 시공간 제약을 해결할 방법이 생겼습니다. 바로 가상현실(VR)을 구현하는 거지요. 사람의 감각을 속이는 장치를 이용해서 마치 가상의 세계가 실제처럼 느껴지도록 말이죠. 그렇게 해서 만들어진 게 바로 HMD(Head mount display)랍니다. 사람의 감각 중에서 가장 중요하다고 알려진 눈을 속이는 원리지요. 아시다시피 사람은 눈

HMD는 사람의 눈을 속여
가상현실을 구현하는 장치입니다.

으로 무언가를 볼 수 없으면 할 수 있는 일이 거의 없습니다. 그런 중요한 눈을 장치를 이용해 속이면 충분히 눈에 보이는 가상현실이 실제 현실처럼 느껴질 수 있답니다.

HMD의 원리는 간단합니다. HMD는 오직 한 사람을 위한 작은 모니터라고 할 수 있는데요. 바깥 현실이 전혀 보이지 않도록 눈을 완전히 가리고 화면을 보여줘서 화면에 보이는 모습이 진짜 현실처럼 느껴지게 하는 거지요.

단순한 화면이라면 그냥 TV와 같은 화면 그 이상 그 이하도 아닐 수도 있는데요. 각도가 조금 다른 2개의 화면을 왼쪽 눈과 오른쪽 눈 각각에 보여주면 사람의 뇌는 화면에 보이는 모습을 실제 현실로 느끼게 된답니다. 사람의 왼쪽 눈과 오른쪽 눈은 위치가 달라서 사물을 바라보는 각도가 살짝 다른데, 이런 각도 차이가 입체감과 거리감을 느끼게 해 주거든요. HMD은 이 원리를 그대로 적용하고, 화면과 눈 사이에 볼록 렌즈를 설치해서 화면이 마치 눈앞에 보이는 현실처럼 실감

나게 보이게 한 것이라고 보시면 됩니다.

최근에는 HMD에 헤드트래킹 기술이 더해졌습니다. HMD를 착용하고 고개를 좌우로 돌리면 HMD가 보여주는 가상현실 화면도 머리가 움직이는 방향에 따라 이동하는데요. 이게 바로 헤드트래킹 기술입니다. HMD를 착용하고 고개를 돌려도 보이는 화면이 그대로라면 현실감이 떨어질 수 있는데요. 우리가 고개를 돌리면 눈앞에 보이는 풍경이 달라지듯 HMD를 착용해도 달라진다면 가상현실이 더욱 현실감 있게 느껴질 것입니다.

하지만 시각 단 하나를 속이는 것만으로 가상현실을 실제 현실처럼 느끼는 것은 어렵습니다. 사람의 감각은 시각 외에도 청각, 후각, 촉각, 미각이 있으니까요. 예를 들어 HMD를 착용하고 가상현실에 있는 동물을 만졌는데, 촉감이 전혀 느껴지지 않는 거지요. 이때부터 우리는 가상현실을 가짜라고 인식(...)해 버리고 강한 거부 반응을 보이죠.

간혹 HMD를 착용하고 어지러움이나 구역질로 힘들어하는 분이 꽤 있는데요. 이게 바로 HMD를 착용하고 눈에 보이는 현실이 진짜 현실이 아니라는 걸 자각하게 되면서 나타나는 거부 반응이랍니다. 특히 만 13세 미만의 어린이들이 HMD를 착용하면 거부 반응으로 인해 망상장애와 같은 정신질환이 생겨날 수도 있습니다.

이런 이유로 가상현실은 아직 분명한 한계가 존재합니다. 가상현실 체험도 주로 HMD와 헤드셋을 착용하고 나서 움직이는 장치에 가만히 앉는 방식으로 이루어지죠. 실제로 가상현실 테마파크에 방문해 보면 롤러코스터를 타며 스릴을 즐기고, 열기구에 올라타서 풍경을 둘러보고, 배를 타고 정글을 탐험하는 등의 방식이 주를 이룹니다. 롤러코스터를 타다가 갑자기 강한 바람이 불기도 하고 배를 타다가 물이 튀다 보니 현실감이 더해지기는 하는데요. 이때 체험자가 할 수 있는 행위는 가만히 앉아 있는 것밖에 없죠. 체험자가 그나마 적극적으로 행동할 수 있는 체험은 자동차 운전 정도입니다.

그래서 어떤 사람들은 가상현실 테마파크를 체험해보고 실망하기도 합니다. 현실에서도 해볼 수 있는 별 것 아닌(...) 경험을 그냥 가상현실로 해보는 것뿐이라면서 말이죠. 실제로 롤러코스터는 가상현실을 이용하지 않아도 놀이공원에 가면 탈 수 있는 놀이기구 중 하나입니다. 멀쩡히 있는 놀이기구를 내버려 두고 가상현실 롤러코스터를 탈 이유는 없죠. 만약 있다면 가상현실을 한 번도 체험해 본 적 없는 사람이 호기심으로 한번 타 보는 정도일 겁니다. 사실 사람들이 원하는 진짜

냥~
이상하다...
복실복실 해야하는데...

가상현실은 조선시대로 찾아가 사람들과 대화를 나누거나, 본인이 강력한 마법(...)을 쓰는 마법사가 되는 거죠.

하지만 지금 수준의 가상현실이 현실감이 다소 떨어진다고 해서 필요가 없는 건 아니랍니다. 정신질환을 치료할 때 활발하게 활용되고 있거든요. 특히 공포증의 경우에는 공포를 느끼는 상황이나 장소에 더 오래 있을수록 천천히 완화되는 특성이 있는데요. 가상현실 기술로 좁은 곳에 머무르는 일을 여러 번 경험하다 보면 폐소공포증을 치료할 수 있고, 사람들이 가득 있는 곳에 머무르는 일을 여러 번 경험하다 보면 대인공포증을 치료할 수 있습니다. 환자에게 HMD와 헤드셋만 씌우면 되기에 충분히 가능하지요.

특히 가상현실 치료는 사람들 앞에서 말을 할 때 바짝 긴장하며 공포를 느끼는 대인공포증의 치료에 효과가 아주 좋습니다. 대인공포증은 꽤 많은 사람들이 겪는 정신질환 중 하나입니다. 굳이 공포까지는 아니더라도 사람들 앞에서 발표할 때 너무 많이 긴장해서 발표를 망치는 사람들도 많지요.

이런 사람들이 청중들 앞에 서서 발표하는 가상현실을 여러 번 체험하면 증상이 빠르게 호전된다고 합니다. 무엇보다도 가상현실 치료는 환자의 흥미(?)를 유발하는 독특한 치료법이라 아무리 심한 공포증을 앓고 있어도 거부감이 덜하다는 장점이 있답니다. 가상현실이 보여주는 공포 상황이 흥미롭고 재미있게 느껴지니까 그만큼 치료 효과도 좋

겠지요.

비록 지금 가상현실의 실질적인 활용은 병원에서만 이루어지는 정도이지만, 앞으로는 더욱 다양한 분야에서 활용될 것입니다. 어쩌면 머지않은 미래에는 중요한 발표를 앞둔 사람들이 미리 집에 있는 HMD와 헤드셋으로 발표 연습을 하는 게 당연하게 여겨질지도 모를 일입니다. 가상현실에서 발표 연습을 하면 그냥 발표 연습을 하는 것보다 몰입도가 높을 것이기 때문에 실전 발표에서 더욱 좋은 결과를 거둘 수 있겠지요. 이미 실전 경험을 많이 한 거나 다름없기에 처음으로 발표를 하는 사람이라도 상당히 능숙하게 발표하게 될 것 같습니다. 평소에 발표가 서투르거나 면접을 잘 못 보는 분들에게는 이만한 기술이 없겠는데요(!).

그렇다면 가상현실이 앞으로 더욱 현실감 있게 진화하려면 어떻게 해야 할까요? 일단 체험자가 가상현실을 체험할 넓은 공간을 마련해 주는 게 제일 중요합니다. 이게 무슨 말이냐고요? 여러분이 가상현실 체험으로 미국 뉴욕을 여행하게 되었다고 생각해 봅시다. 하염없이 걸으며 브루클린 다리도 둘러보고, 엠파이어 스테이트 빌딩도 위로 굽어 바라봅니다.

문제는 여기서 발생합니다. 뉴욕 곳곳을 계속 걸어야 하는데 가상현실 체험이 이루어지는 실제 건물 내부는 뉴욕만큼 넓을 수가 없거든요. 조금만 걸어도 사방에 있는 벽에 부딪힐 수밖에 없는 거지요(...). 가상현실 뉴욕을 체험하던 사람은 허공이 왜 딱딱한 무언가로 막혀 있냐며 당황할 겁니다. 심하면 벽과 정통으로 부딪혀서 코뼈가 찌그러지는 불상사가 생길 수도 있겠죠.

뉴욕만큼 넓은 공간을 현실에 마련하는 건 불가능한 일인데요. 그래도 방법이 아예 없는 건 아니랍니다. 가상현실 체험자가 걷고 뛰더라도 계속 같은 자리에 있도록 만들면 되거든요. 마치 러닝머신처럼 말이죠. 그렇게 만들어진 게 바로 전방위 트레드밀이랍니다. 체험자의 허리를 고정한 후, 바닥에다가 모든 방향으로 이동 가능한 발판을 깔아놓는 거지요. 하지만 발판을 미는 게 꽤 많은 힘이 들어가기 때문에 (...) 체험자가 금방 지칠 수 있습니다. 게다가 현실보다 좀 더 뻑뻑하게 걸어야 하니까 현실감이 떨어질 수도 있겠지요.

다행히도 전방위 트레드밀의 불편함은 금방 해결되었습니다. 미국의 AxonVR이라는 기업이 만든 장치 덕분이죠. 이 장치는 옷처럼 입을

AxonVR은 가상현실 구현 과정에서의
공간 제약 문제를 해결할 장치를
개발하는 데 성공했습니다.

수 있는 장치입니다. 체험자의 몸을 공중에 띄워 다리를 고정한 후 이 장치를 입히면 다리를 고정한 장치와 옷이 체험자의 다양한 움직임을 완벽하게 감지한답니다. 체험자의 움직임은 곧바로 가상현실에 반영이 되지요.

공간 부족 다음의 문제는 바로 촉각입니다. 우리가 일상을 보내면서 무언가를 만지거나 다루는 일이 워낙 많다 보니 어쩔 수 없지요. 그래서 전 세계의 기업들이 다양한 방법으로 사람의 촉각을 구현하려 다양한 방법을 시도했습니다.

일본의 남코 게임센터에서는 난간에 매달린 고양이를 구하는 가상현실 게임에서 촉각 문제를 해결하기 위해 인형을 동원하기도 했답니다. 체험자가 가상현실 속의 고양이를 만지면 부드러운 인형을 만지게 되는 식이죠. 하지만 이런 방법은 촉각을 느끼게 하는 도구들을 일일히 준비해야 하기에 번거롭습니다. 눈을 완벽히 지배하는 HMD처럼 손의

덱스타로보틱스는 사람의 촉각을 속이는
디지털 장갑의 개발에 성공했습니다.

촉각을 완벽히 지배하는 장치가 필요하죠.

이런 장치는 미국의 기업인 덱스타로보틱스가 디지털 장갑을 개발한 이후로 빠르게 발전하고 있습니다. 디지털 장갑은 체험자의 손이 가상현실에 있는 물체의 강도와 촉감, 무게를 모두 느낄 수 있도록 만들어진 장치입니다. 손의 움직임과 힘을 주는 정도를 실시간으로 분석해서 알맞은 촉감을 제공해주는 원리지요. 가상현실에서 야구공을 들고 있으면 야구공의 무게와 딱딱함이 바로 느껴지고, 달걀을 들고 있으면 가볍고 깨지기 쉽다는 느낌을 바로 인지할 수 있다고 합니다.

이렇게 가상현실에서의 공간 문제, 촉각 문제가 차차 해결되고 과거보다 현실감 있는 가상현실의 구현이 가능해지면서 메타버스(Metaverse)라는 분야가 새롭게 떠오르기도 했습니다. 사람들이 가상현실에 모여 사회, 정치, 경제, 문화활동을 영위하는 것을 메타버스라고 하지요. 어쩌면 머지않은 미래에는 메타버스로 인해 실제 현실이 디지털 세상으로까지 확장될지도 모른다는 전망이 있습니다.

가상현실 내부에다가 사용자들과 소통할 존재들을 만들기 위해 인공지능이 도입될 가능성도 있습니다. 아마 가상현실이 이 정도까지 발전한다면 사람들은 인공지능으로 만들어진 가상의 존재들과 만나 대화를 나누고 관계를 형성하게 될 겁니다. 어쩌면 동물이나 몬스터(?)와 대화를 나누는 것도 가능해지겠지요.

하지만 인공지능이 결합된 가상현실은 현재 우리 인류에게 많은 시사점을 남깁니다. 아무리 가상현실에 있는 존재가 인공지능으로 만들어진 가짜 사람이라고 해도 현실의 사람과 똑같이 행동한다면 현실과 가상을 구분하기가 어려워지거든요.

하지만 가상현실과 실제 현실은 엄밀히 말해서 전혀 다른 세상입니다. 가상현실은 얼마든지 원하는 시간으로 다시 돌아갈 수도 있고, 큰 실수를 저질러도 다시 리셋할 수 있지만, 실제 현실은 그렇지 않습니다. 어쩌면 가상현실과 실제 현실을 구분하지 못한 사람이 실제 현실에서 큰 실수를 저지르고 돌이킬 수 없는 강을 건너게 될지도 모를 일입니다.

만약 가상현실에서의 경험이 현실의 경험보다 더 즐겁고 매력적으로 느껴진다면 상황은 더욱 심각해집니다. 사람들이 힘든 현실을 회피하기 위해 가상현실에만 머무르려 할 것이기 때문이죠. 현실에서는 무시를 당하는 사람이 가상현실에서는 모두에게 존경받는 사람이라면 현실에만 머무를 이유가 있을까요? 아마 나이가 들수록 고립되어 가는 현대인들에게 가상현실은 굉장히 매력적인 장소가 될 겁니다.

심하면 현실의 사람들과 관계를 형성할 필요를 전혀 느끼지 못하게 될 수도 있습니다. 그리고 너무 많은 사회구성원이 현실의 사람들과 관계를 형성하지 않는 지경에 이른다면 사회는 얼마 지나지 않아 붕괴하겠지요.

물론 지금의 우리야 현실에서만 줄곧 살아왔으니 큰 문제는 없을 수 있는데요. 문제는 가상현실이 최종 완성 단계까지 도달한 이후 태어나는 세대입니다. 이 세대들은 태어난 지 얼마 되지 않을 때부터 실제 현실과 함께 가상현실도 겪어보게 될 것입니다. 만약 어린 나이부터 가상현실이 보여주는 매력적인 모습에 잠식된다면 상황이 매우 심각해지겠지요.

그러므로 지금 우리 세대는 앞으로 다가올 가상현실의 시대에 대비해서 가상현실을 더욱 능숙하게 다룰 수 있도록 대비해야 합니다. 어쩌면 가상현실 기술을 더욱 현실감 있게 발전시키는 것보다 더 중요한 일일지도 모르지요. 이처럼 가상현실은 다른 사람들과 관계를 형성하며 살아가는 사람의 당연한 본성을 뒤집어 버릴 수도 있는 무서운 기술이기도 합니다.

일단 제일 중요한 과제는 바로 가상현실에서 만나는 인공지능을 어떠한 존재로 여겨야 할지에 대해서입니다. 가상현실에서 만나는 인공지능은 진짜 사람이 아님에도 불구하고 실제 사람과 똑같이 행동할 수 있습니다. 대화도 나눌 줄 알고, 감정도 느낄 줄 알고, 공감도 할 줄 알죠.

그런데 이런 사람이 과연 현실의 사람과 같다고 할 수 있을까요? 대부분의 독자 여러분은 당연히 동일시할 수 없다고 말씀하겠지만, 이건 가상현실을 겪어보기 전에는 모릅니다. 만약 현실의 사람보다 더 착하고 친절하고 자신을 잘 대해 준다면 생각이 달라지실 수도 있죠(...). 처음에는 힘든 현실에서 잠시 벗어나기 위해 가상현실에 머무를지 몰라도, 시간이 지나면 본인도 모르는 사이에 가상현실의 사람과 실제 현실의 사람을 동일시할지도 모를 일입니다.

그렇다면 우리는 가상현실을 어떻게 다뤄야 할까요? 아직 명확한 답은 없습니다. 아직은 가상현실 기술과 메타버스가 모두 발전 단계에 놓여 있으니 이 기술을 어떻게 올바르게 사용해야 할지, 어떻게 법적 제도적으로 규제해야 할지 사회구성원 모두가 고민해 봐야겠지요. 가상현실 기술을 발전시키는 건 과학자와 공학자이지만 가상현실 기술을 사용하는 건 바로 우리 사회구성원들의 몫이니까요.

과학의 희망편 : 가상현실이 진짜 현실이 되는 메타버스

만약 가상현실을 실제 현실과 별다를 것 없이 생생하게 구현할 수 있게 된다면 우리가 살아가는 현실이 가상현실로까지 확장될 가능성도 있는데요. 이렇게 구현된 가상현실에서 정치, 경제, 사회, 문화생활을 누리며 가치를 창출하는 것을 메타버스라고 부릅니다. 가상을 의미하는 단어 메타(meta)와 우리가 살아가는 세계를 의미하는 단어 유니버스(universe)를 합성해 메타버스라는 이름이 붙여졌지요.

메타버스가 본격적으로 주목받기 시작한 것은 코로나19 팬데믹이 터지고 사회적 거리두기로 외부활동이 제한되면서부터입니다. 가상현실에서는 전염병의 확산을 걱정할 필요가 전혀 없으니까 외부활동의 대안으로 메타버스가 거론되기 시작한 거죠.

대표적인 메타버스가 바로 미국의 린든랩에서 개발한 '세컨드 라이프(Second life)'입니다. 세컨드 라이프에서는 자신을 대변하는 아바타로 다른 사람들과 함께 다양한 플레이를 즐길 수 있습니다. 자신과 말이 잘 통하는 사람과 대화를 나누는 것부터 시작해서, 자신만의 작품을 제작하고, 판매하는 것까지도 가능하죠. 비록 소수지만 기업활동을 하는 사업가들도 있습니다.

현재 세컨드 라이프에는 독창적인 작품 제작자들과 사업가들 덕분에 현실에서는 볼 수 없는 마법 지팡이, 우주선, 하늘을 나는 자동차 등이

가상현실에서 정치, 경제,
사회, 문화생활을 누리는 것을
메타버스라고 합니다.

판매되고 있답니다. 이런 제품들은 린든달러라는 가상화폐로 구매할 수 있고, 실제 화폐인 달러로 바꿀 수도 있죠.

현재 메타버스의 가장 큰 문제는 메타버스 내에서의 불법행위를 어떻게 규제할 것인지, 그리고 메타버스에서 사업을 하고 벌어들인 화폐에 어떠한 가치를 부여해야 할지에 대한 논의가 거의 이루어지지 않았다는 것입니다. 만약 메타버스 내에서 거래되는 화폐를 새로운 거래 수단으로 인정한다면 불법 거래나 탈세(!) 문제는 어떻게 해결해야 할지도 고민해 봐야겠지요.

기존의 진짜 현실과 함께 가상의 현실까지도 모두 우리가 살아가는 같은 현실로 인정받는 확장된 세상의 모습이 쉽게 상상이 되시나요? 가상현실 구현 기술의 발전과 함께 떠오를 메타버스가 과연 우리에게 어떠한 일상의 변화를 가져올지 두고 볼 일입니다.

4장. 여기에도 과학기술이 숨어 있었어?

18

높이, 더 높이 올라가려는 사람들의 욕망을 담다!

마천루

우리나라의 200m 이상 마천루의 수는 중국, 미국, 아랍에미리트 다음으로 세계 4위에 달합니다. 게다가 지금 이 순간에도 전국 곳곳에 엄청나게 높은 마천루들이 계속 들어서고 있죠. 도대체 이런 건물들은 어떠한 기술로 지어지는 걸까요? 그리고 사람들은 왜 각종 기술을 동원하면서까지 이런 건물들을 지으려 하는 걸까요?

나쁜 책이라면 덮어 버리면 된다. 엉터리 책도 안 들으면 그만이다.
하지만 당신 집 맞은편에 있는 추한 고층빌딩을 피할 도리는 없다.
- 렌조 피아노 (이탈리아의 건축가) -

인류는 오래전부터 높은 구조물을 갈망하며 살아왔습니다. 인간의 힘으로는 도저히 다다를 수 없는 높고 아름다운 하늘과 조금이나마 가까워지기 위해서 말이에요. 이 사실은 고대 바빌론의 바벨탑과 중세 유럽의 고딕성당만 보아도 쉽게 알 수 있습니다. 우리나라에서도 신라 선덕여왕 때 높이가 무려 81m에 달하는 황룡사 9층 목탑이 지어지기도 했죠. 사람들의 높은 구조물에 대한 갈망은 현대 사회가 도래한 이후에도 마찬가지였습니다. 과거보다 높아진 경제 수준과 과학기술력을 바탕으로 도시에 마천루를 짓기 시작한 것이지요.

마천루란 하늘을 찌를 듯이 높이 솟아오른 고층 건물을 말합니다. 보통 높이가 200m 이상인 건물을 마천루라고 부르지요. 불과 몇십 년 전만 해도 마천루는 미국에서만 볼 수 있는 거였는데요. 갑자기 어느 시점부터 전 세계 도시 곳곳에서 마천루를 짓기 시작했습니다. 지금 이 순간 지구 어딘가에서도 기존의 마천루 높이를 훌쩍 뛰어넘는 엄청난 높이의 마천루들이 계속 지어지고 있지요.

덕분에 이제는 전 세계 어디를 여행하든 마천루를 쉽게 볼 수 있게 되었습니다. 주변 건물들보다 유독 높이 솟아오른 마천루는 도시 하나를 대표하는 랜드마크가 되기도 하지요. 서울에 있는 롯데월드타워처

럼요.

마천루를 가까이서 들여다보면 '정말 우리 사람이 지은 구조물이 맞긴 한 걸까? 혹시 구름에 사는 누군가가 몰래(?) 지어준 건 아닐까?'라는 생각이 들 정도로 규모가 크고 높습니다. 하기야 요즘 마천루들은 웬만한 작은 산 높이는 훌쩍 뛰어넘을 정도니 그럴 만도 하지요. 북한산 높이가 836m이고 남산 높이가 270m인데 롯데월드타워가 555m나 된다는 걸 생각하면 우리 인류는 자연의 한계를 아득히 뛰어넘은 겁니다.

그렇다면 사람들은 어떻게 엄청난 높이의 건물을 지을 수 있는 걸까요? 마천루의 건축에는 기존의 낮은 건물에 적용되는 공법과는 차원이 다른 과학기술이 필요합니다. 오죽하면 마천루는 현시대 최고 수준 과학기술이 모두 집약된 구조물이라는 말도 있지요.

실제로 마천루 하나를 지으려면 하중을 견딜 만한 소재에 관한 재료공학, 바람과 지진에도 견딜 수 있는 구조를 설계하는 구조공학, 머무르는 사람들의 쾌적한 삶을 보장할 방안을 모색하는 환경공학, 건물의 아름다운 외관을 디자인하는 건축공학까지 수많은 분야의 전문가들이 필요합니다. 그래서 마천루는 보유한 나라의 경제력과 과학기술 수준을 알 수 있는 척도이기도 하답니다.

마천루에서 제일 중요한 기술은 코어월의 건축 기술입니다. 코어월은 사람으로 치면 척추에 해당하는 부위로, 마천루의 정중앙에 위치합니다. 마천루는 높이만큼이나 하중이 엄청나기에 이 하중을 잘 지탱해줄 거대한 기둥이 필요한데요. 이 기둥 역할을 하는 게 바로 코어월이라고 보면 됩니다. 마천루를 지어 올릴 때도 가장 먼저 하는 일이 바로 코어월을 지반에 단단하게 고정하는 것입니다. 그다음에 코어월을 건물 모양에 맞춰 위로 올리죠.

실제로 건축 중인 마천루를 잘 관찰해보면 내부 정중앙에 거대한 기둥이 있는 걸 볼 수 있는데요. 이 거대한 기둥이 바로 코어월이랍니다. 마천루는 이 코어월을 먼저 올린 후 외벽을 설치하는 방식으로 지어 올려집니다. 잠실에 있는 롯데월드타워와 여의도에 있는 파크원도 바로 이 코어월 공법으로 지어진 건물이랍니다. 두바이에 있는 부르즈할리파도 마찬가지지요.

현대의 마천루 기술은 코어월이 절반 이상은 먹고 들어간다고 해도 과언이 아닙니다. 코어월을 튼튼하게 설계할수록 더 높은 마천루를 건

마천루의 건축에는
코어월, 아웃리거, 벨트 트러스 등
다양한 기술이 필요합니다.

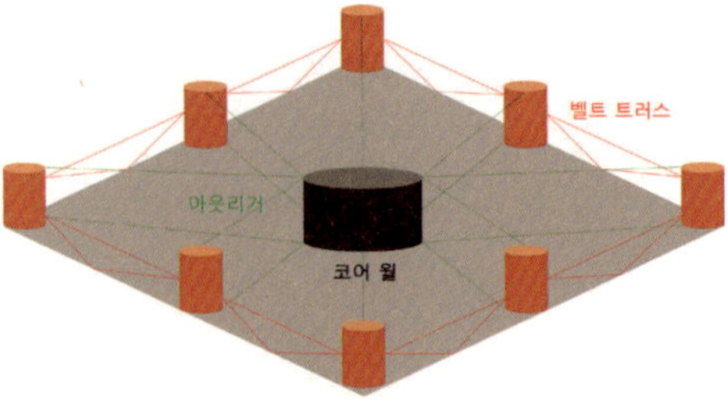

설할 수 있거든요. 그러므로 전 세계의 마천루가 점점 높아지고 있다는 건 코어월을 설계하는 기술이 점점 발달하고 있다는 의미와 같다고 보아도 무방합니다. 미래에는 신기술의 등장으로 마천루 공법이 바뀔 수도 있겠지만 당분간은 꽤 오랫동안 코어월 공법을 가장 많이 사용할 것입니다.

코어월은 마천루의 척추 역할을 하는 만큼 튼튼하게 만들어지는 게 제일 중요합니다. 그래서 웬만한 재료공학 기술로는 엄두도 못 내는 고강도 콘크리트를 사용하지요. 특히 높이가 무려 800m에 달하는 마천루인 부르즈 할리파에서 사용한 코어월의 강도는 상상 이상인데요. 가로, 세로 1cm의 좁은 면적 위에 성인 남성 10명이 올라가도 끄떡없을 정도로 튼튼하다고 알려져 있습니다.

하지만 코어월 하나만으로 거대한 마천루의 하중을 버티는 것은 무리입니다. 높은 건물일수록 더더욱 그렇죠. 그래서 코어월 주변에 콘크리트로 만든 거대한 기둥을 여러 개 배치한 후, 코어월과 거대한 기둥을 아웃리거로 서로 연결해서 코어월을 더욱 튼튼히 자리 잡게 해주지요.

여기서 다가 아닙니다. 이 거대한 기둥들은 또 벨트 트러스로 서로 단단하게 연결해서 튼튼함을 더해줘야 합니다. 코어월이 사람의 척추 역할을 한다면 그 주변의 거대한 기둥들은 사람이 넘어지지 않도록 하는 지팡이 역할을 한다고 보면 됩니다. 그런데 지팡이가 한 개도 아니고 여러 개인 데다가, 사람과 지팡이들이 서로 튼튼하게 묶여 있으니 넘어지고 싶어도 넘어질 수 없겠죠(...). 이 정도면 마천루가 충분히 안정될 만도 하지요?

그런데 코어월, 아웃리거, 벨트 트러스를 동원해서 아무리 튼튼한 소재와 장치를 사용해도 마천루를 1자로 균일하게 짓지 못하면 아무 의미가 없습니다. 이건 블록을 높게 쌓을 때 단 하나의 블록이라도 튀어나왔으면 금방 무너지는 것과 똑같은 원리입니다. 마천루는 규모가 워낙 거대하다 보니 정확히 1자로 지어 올리는 게 쉽지 않은데요. 이 문제를 해결하기 위해 인공위성으로 GPS를 측정해 가며 마천루를 짓습

555m 높이의 롯데월드타워는
건물의 외벽이 유리로 이루어져 있습니다.

니다. 이쯤 되니 마천루의 건축에 필요한 과학기술력이 생각 이상으로 최첨단이어야 한다는 게 느껴지죠. 언뜻 보면 전혀 관련이 없어 보이는 우주 과학기술까지 동원되는 셈이니까요.

이렇게 마천루를 튼튼하게 지으면 생기는 큰 장점이 하나 있습니다. 바로 마천루 외벽에 건물의 하중을 견딜 구조물을 설치할 필요가 없다는 겁니다. 하중을 견딜 구조물은 이미 내부에 충분히 지어진 상태니까요. 덕분에 건물의 외벽을 유리로 둘러서 더욱 현대적인 디자인이 가능합니다. 초고층 마천루는 한 도시의 랜드마크 기능을 하는 경우가 많으므로 이왕이면 눈에 잘 띌 수 있도록 깔끔하고 반짝반짝 빛나는 유리로 외관을 꾸미는 게 더 낫죠.

실제로 전 세계에 있는 초고층 마천루들은 대부분 외벽이 유리로 이루어져 있습니다. 외벽이 유리가 아니라 콘크리트로 이루어진 마천루는 아주 오래전에 지어진 마천루를 제외하면 없다고 봐도 무방하죠.

하지만 마천루는 무작정 튼튼하게 짓는다고 해서 다는 아닙니다(...).

고려해야 할 중요한 변수가 몇 가지 더 있습니다. 그중 제일 중요한 게 바로 바람입니다. 하늘 위로 높이 올라갈수록 바람이 더욱 세지거든요. 이건 바람이 잘 불지 않는 지역에서도 마찬가지랍니다. 초고층 마천루에는 창문이 없는 것도 바로 바람 때문이지요.

바람이 어찌나 센지 지면에서 약한 바람이 불 때 초고층 마천루 높이에서는 태풍 수준의 바람이 불 정도랍니다(!). 실제로 초고층 마천루의 맨 꼭대기 층인 펜트하우스는 바람 때문에 자주 흔들려서 거주자들이 어지러움을 느끼는 일이 많습니다. 이 정도 수준의 강한 바람이면 충분히 마천루에 큰 위협이 되지요.

바람 문제를 해결하는 가장 좋은 방법은 마천루의 모양을 설계할 때 바람의 영향을 최소한으로 받도록 하는 것입니다. 우리나라의 롯데월드타워를 포함한 전 세계의 마천루를 잘 살펴보면 위로 갈수록 가늘어진다는 걸 알 수 있는데요. 이런 모양의 건물은 아래가 든든하게 받쳐

상하이 세계금융센터는 윗부분에
거대한 구멍이 있습니다.

주기 때문에 바람이 강하게 불어도 버틸 수 있습니다. 이런 방법 외에도 건물의 단면을 사각형 모양 대신에 원 모양으로 만들어서 외벽이 매끈한 경사면을 이루도록 하는 것도 좋은 방법이랍니다. 원 단면의 마천루가 조금 식상하다면 위로 올라갈수록 마름모 모양으로 매끄럽게 비틀 수도 있습니다.

중국 상하이에 있는 마천루인 세계금융센터는 바람 문제를 해결하기 위해 굉장히 파격적인 설계를 했는데요. 바로 마천루의 윗부분에 거대한 구멍을 뚫는 것이었습니다. 이런 방식은 건축이 쉽지 않지만 강한 바람이 불 때 바람이 구멍으로 바로 빠져나갈 수 있어서 바람의 영향을 덜 받을 수 있다는 장점이 있죠. 윗부분에 뚫린 구멍이 워낙 독특해서 병따개 건물이라는 별명도 있답니다.

대만 타이베이에 있는 마천루인 타이베이101는 지어질 당시 전 세계에서 가장 높은 마천루였는데요. 지을 당시 바람 문제가 발목을 잡았던 적이 있습니다. 그래서 건축가들은 바람 문제를 해결하기 위해 오랜 고민을 했는데요. 고민 끝에 나온 방법은 바로 타이페이101의 건물

타이베이101은 바람 문제를 해결하기 위해
건물 내부 윗부분에
660t의 강철공을 설치했습니다.

내부 윗부분에 무게가 무려 660t에(!) 달하는 커다란 강철공을 설치하는 것이었습니다.

이 강철공은 바람에 의해 타이베이101이 흔들릴 때 바람과 반대 방향으로 이동해서 건물이 덜 흔들리도록 해 준답니다. 댐퍼라고 불리는 장치인데요. 대만 여행을 하는 관광객들이 꼭 관람하고 가는 여행 코스이기도 합니다. 이렇게 보니 건축가들이 마천루를 지을 때 바람의 영향을 얼마나 중요하게 여기는지 느껴지지요?

바람 다음으로 중요한 변수는 예상하고 계시겠지만 지진입니다. 한 도시의 랜드마크가 지진에 의해 터무니없이 무너져 내렸다고 상상해 봅시다. 아마 건설사의 부도는 물론이고 심하면 국가 이미지까지 바닥을 치게 될 겁니다. 마천루는 그만큼 지진에 대한 대비를 아주 철저하게 하는 것이 중요합니다. 기존의 내진설계만으로는 택도 없답니다(...). 당대의 내진설계 기술을 총동원하는 것은 물론이고 면진설계를 더해 마천루가 지진으로부터 더욱 안전하게 하죠.

갑자기 어려운 용어가 등장했는데요. 면진설계가 뭔지 아시나요? 면진설계란 지진이 일어나는 땅과 마천루를 분리하는 건축 기술을 말합니다. 마천루 건축을 처음 시작할 때 지반에다가 진동이 잘 전달되지 않는 특수소재를 설치하는 방식으로 이루어지죠. 기존의 내진설계는 건물이 지진에 견딜 수 있도록 하는 원리라면 면진설계는 지진이 났을 때 건물로 이동하는 진동을 약화시켜주는 원리라고 생각하면 됩니다. 기존의 내진설계와 비교하면 훨씬 획기적이지만 면진설계에 사용하는 특수소재가 엄청 비싸답니다(...).

이처럼 마천루는 수많은 공법과 과학기술 그리고 천문학적인 액수의 돈(...)이 필요합니다. 좋게 말하면 첨단기술의 집약체라고 할 수 있지만 나쁘게 말하면 비효율적입니다. 사람들이 왜 이렇게까지 해서 마천루를 짓는 것인지 의문이 들기도 하지요.

실제로 마천루는 굉장히 비효율적인 구조물입니다. 생각해보면 이렇게까지 해서 마천루를 지을 필요는 없죠. 사람들이 거주하거나 근무하는 장소를 마련하려는 목적으로 건물을 짓는 거라면 그냥 낮은 건물을 여러 개 건설하는 게 비용이 훨씬 덜 들 테니까요. 그럼에도 불구하고 전 세계의 도시에서는 이제 갓 개발된(!) 값비싼 신기술을 적극적으로 도입한 마천루들이 수도 없이 지어집니다.

왜일까요? 전 세계에서 가장 높은 마천루라는 타이틀이 가지는 상징

미국의 높고 화려한 스카이라인은
미국의 부와 국력을 상징합니다.

성이 엄청나기 때문입니다. 실제로 여러 개의 마천루가 모여 형성된 도시의 화려한 스카이라인 하나만으로 한 국가의 기술력과 경제력을 전 세계에 과시할 수 있죠. 한 국가나 기업의 기술력과 경제력을 사람들에게 가시적으로 보여주는 가장 좋은 방법은 마천루만한 게 없습니다. 외국을 놀러가는 관광객들도 그 나라의 건물들이 얼마나 높고 화려한지를 보고서 그 나라의 생활수준과 경제력을 느끼고 온다고 하니까요.

미국에서 그렇게 마천루가 많이 지어질 수 있었던 것도 당시 미국 기업들이 부를 과시하고 광고의 수단으로 삼기 위한 목적이 컸습니다. 마천루를 짓는 데에는 엄청난 비용이 들지만, 이 엄청난 비용을 감안해도 마천루가 가지는 상징성이 엄청난 거지요. 한국인들이 대부분 63빌딩과 롯데월드타워의 존재를 알고 있다는 걸 생각해보면 충분히 이해가 되실 거라 생각합니다.

마천루가 과시용이라고 나쁘게 생각할 필요는 없습니다. 어쩌면 마

네 앞의 건물 이름이 뭐야?
이건 런던의 마천루,
더 샤드야!

천루가 머지않은 미래에는 각종 사회문제를 해결하는 방안(!)이 될 수도 있거든요.

만약 과학기술이 발전해서 마천루가 더 이상 비효율적인 구조물이 아니라면 어떨지 상상해 보셨나요? 아마 지금과는 비교할 수 없을 정도로 많은 마천루가 생겨날 텐데요. 여기에 더해 지을 수 있는 땅이 넉넉해져서 녹지와 광장이 많이 생겨날 것입니다. 사방이 건물로 둘러싸인 칙칙한 도시가 쾌적한 도시로 발돋움하는 겁니다. 거주지를 늘리기 위해 자연환경을 파괴할 필요도 없고요.

한 발짝 더 나아가 생각해봅시다. 미래에는 초고층 마천루 하나가 수만 명이 머무르는 마을이 될 수도 있지 않을까요? 초고층 마천루에서 거주도 하고 직장도 다니고 학교도 다니는 식으로요. 그럼 사람들은 차나 대중교통을 타고 출퇴근을 할 필요가 없어집니다. 덕분에 도시의 교통 문제가 해소되고 에너지 소비량이 감소하겠죠. 지금은 그냥 화려해 보이기만 하는 마천루가 미래에는 인류의 일상을 바꿔놓을 수도 있다는 것입니다. 어쩌면 지금 우리 인류는 초고층 마천루에서 거주하고 사회생활(?)도 하는 게 당연하게 여겨지는 미래로 나아가고 있는지도 모릅니다.

과학의 희망편 : 마천루의 저주는 정말 있을까?

마천루는 당대 최고 수준의 과학기술력과 천문학적인 비용을 총동원해 건설됩니다. 마천루가 이를 보유한 기업이나 국가의 경제력과 첨단 과학기술 수준을 상징하는 이유가 바로 여기에 있지요. 문제는 대부분의 나라들이 마천루가 완공된 이후 경제 불황을 맞이했다는 건데요. 이렇게 마천루가 경제 불황으로 이어진다는 경제학의 가설을 '마천루의 저주'라고 부릅니다.

실제로 1931년 미국 뉴욕에서 전 세계에서 가장 높은 빌딩인 엠파이어 스테이트 빌딩이 완공된 이후 세계 대공황과 2차 세계대전(...)이 찾아왔습니다. 일본은 243m짜리 도쿄도청을 완공한 이후 잃어버린 10년이 시작됐습니다. 대만도 타이베이101의 건설 이후 지속적인 저성장을 겪으며 우리나라에 경제적으로 추월당했죠. 2021년 완공되어 세계 최초로 1km 높이의 빌딩이 될 예정이었던 사우디아라비아의 제다 타워는 저유가와 함께 코로나19로 인한 세계 경제 위기가 겹치며 공사가 일시 중단됐습니다(...).

하지만 마천루의 저주는 조금만 생각해보면 당연한 현상입니다. 경제는 원래 호황기와 불황기를 계속 반복하죠. 불황기에는 마천루를 짓고 싶어도 건축 비용을 마련할 방안이 거의 없어서 마천루가 지어지지 않습니다.

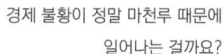

하지만 경제 호황기가 오면 시장에 많은 돈이 풀리기 시작합니다. 투자가 활발해진다는 의미죠. 마천루의 건축은 대부분 이때 시작됩니다. 물론 완공까지는 최소 몇 년에서 몇십 년까지 긴 시간이 소모되기 때문에 마천루가 완공되었을 즈음에는 다시 경제 불황이 시작될 거라 예상할 수 있습니다.

마천루가 경제 불황을 부르는 나쁜 녀석(...)이라고 생각하실 필요는 없습니다. 많은 비용이 드는 것은 사실이지만 경제 불황의 직접적인 원인은 아니거든요. 마천루의 건축이 경제 호황기에 시작되고, 마천루가 완공되는 시점이 경제 불황의 시작과 절묘하게 맞아떨어지는 것일 뿐이니까요.

19

이렇게나 생생한데 진짜가 아니라 빛이라니!

홀로그램

홀로그램은 미래를 묘사한 영화나 드라마에서 무조건 등장하다시피 하는 과학기술 중 하나입니다. 빛을 이용한 기술이다 보니 인상적이고 세련돼 보이기 때문이죠. 하지만 그냥 화려해 보이는 기술 정도로만 생각하면 오산입니다. 생각보다 활용할 수 있는 분야가 무궁무진하거든요.

우리는 진짜 현실을 보는 것이 아니라,
그저 눈앞에 보이는 세상만을 진짜 현실로 착각할 뿐이다.
- 영화 〈트루먼 쇼〉 중에서 -

아이언맨, 스타워즈, 킹스맨과 같은 SF영화를 감상하다 보면 허공에 입체영상이 뜨는 장면을 쉽게 볼 수 있습니다. 입체영상을 손가락으로 터치해서 특정한 작업을 수행하기도 하고, 사람의 모습을 띤 입체영상과 대화를 나누기도 하죠. 영화 킹스맨에서는 킹스맨들이 실물 대신 입체영상의 형태로 자리에 앉아 회의를 진행하는 모습을 볼 수 있습니다. 킹스맨들이 한 곳에 모두 모이기가 어려웠기에 입체영상을 띄우고 입체영상과 대화를 나누는 식으로 회의를 했던 겁니다.

이처럼 실물은 존재하지 않지만, 빛의 형태로 실물을 구현한 입체영상을 홀로그램이라고 합니다. 홀로그램은 다른 미래 과학기술들과 비교했을 때 유독 인상적이고 세련된 기술이라서 사람들이 상상하는 미래의 일상에서 자주 등장하죠.

특히 영화에서 지구를 침공한 외계인(?)과 같은 강한 적과 싸움을 앞두고 작전 회의를 할 때면 홀로그램이 무조건 등장하는 것 같습니다. 심지어 사람을 구현한 게 아니라 인공지능 로봇을 구현한 홀로그램도 나오죠. 사람이 인공지능 로봇과 대화를 나누는 것도 모자라, 인공지능 로봇을 구현한 홀로그램과 대화를 나누는 셈입니다.

홀로그램이 주목받는 이유는 현실 세계에 실존하지 않는 사람이나

빛의 형태로 실물을 구현한
입체영상을 홀로그램이라고 합니다.

만화 캐릭터를 실제 현실 세계에 구현할 수 있기 때문입니다. 언뜻 보면 가상현실 기술과 비슷하지만 다른 점이 많답니다. 가상현실 기술은 사람이 감각을 지배당한 채 가상현실 속으로 들어가는 방식으로 이루어지는데요. 홀로그램 기술은 사람이 현실에서도 가상현실 같은 체험을 할 수 있게 해주거든요.

덕분에 홀로그램 기술을 이용하면 눈에 HMD와 같은 불편한 장비를 착용하지 않아도 됩니다. 아마 눈에 HMD를 착용하고 가상현실을 체험해본 분이라면 HMD를 오랫동안 착용하는 게 얼마나 힘든지 잘 아실 것입니다.

문제는 홀로그램을 구현하는 게 굉장히 어렵다는 겁니다. 왜 어려운지 아세요? 360도 전 방위에 무려 240개 이상의 레이저 빔(...)으로 영상을 쏘아야 하기 때문입니다. 240개 이상의 레이저를 한꺼번에 컨트롤할 수 있는 데이터 망을 구축하는 게 쉽지 않고, 영상에 들어가는 용량이 어마어마하거든요. 여차저차해서 구현한다고 해도 아마 상상을 초월하는 막대한 비용이 들어갈 것입니다. 원리는 쉽지만, 아직 현대 과학기술 수준이 홀로그램을 구현할 수 있는 수준까지 오지 못한 셈입니다.

그렇다고 해서 홀로그램이 우리 일상 속에서 전혀 찾아볼 수 없는 것은 아니랍니다. 현재 과학기술 수준으로 구현할 수 있는 '유사' 홀로그램이 몇 가지 있거든요. 그 중 하나가 바로 5만원권 지폐에 있는 은색 선입니다. 5만원권 지폐를 위아래로 흔들며 은색 선을 자세히 살펴보면 태극무늬가 좌우로 움직이고, 좌우로 흔들면 태극무늬가 위아래로 움직인다는 것을 알 수 있죠. 보는 각도마다 보이는 그림이 전혀 달라지는 겁니다. 이 은색 선이 바로 유사 홀로그램 중에 하나인 반사형 홀로그램입니다.

반사형 홀로그램은 필름에다가 빛의 간섭무늬를 새기는 방식으로 만들어집니다. 레이저에서 나온 빛을 두 개로 나눠 하나의 빛은 필름을 비추고, 다른 하나는 우리가 보고 싶은 물체에 반사시켜 필름에 비추게 하면 필름에 두 빛의 간섭무늬가 새겨지지요.

간섭무늬는 필름에 0.2~0.3㎛의 깊이로 홈을 새기는 방식으로 이루어집니다. 초미세먼지의 크기가 2.5㎛밖에 안 된다는 걸 생각해보면 사람의 눈으로는 거의 티도 안 나는 작은 홈인데요. 이 홈으로 인해 빛의 굴절이 달라져 사람이 어느 각도로 필름을 바라보냐에 따라 필름의 색과 비춰지는 그림이 완전히 달라진답니다.

반사형 홀로그램은 5만원권처럼 숫자 단위가 커서 위조 위험이 있는

5만원권에는 위조방지를 위해
반사형 홀로그램이 부착되어 있습니다.

지폐나 신용카드에 쉽게 볼 수 있습니다. 홀로그램 부분은 복합기를 이용해서 복사해도 원래 모양대로 나오지 않고 까맣게 나오거든요. 만약 5만원권의 은색 선 부분이 반짝반짝 빛나지 않고 까맣다면 무조건 위조지폐라고 보시면 된답니다.

일부 악덕 범죄자들은 위조지폐가 조금이라도 진짜처럼 보이도록 하기 위해 은색 선 부분에 은박지를 붙여서(...) 5만원권 위조지폐를 만들기도 하는데요. 실제 5만원권의 은색 선을 동일하게 만드는 것은 매우 어렵습니다. 아무리 세심한 손을 가진 사람이라도 필름에 0.2~0.3㎛ 깊이의 홈을 가득 새길 수는 없으니까요.

반사형 홀로그램은 좀 식상하다고요? 그렇다면 영화에 나오는 홀로그램처럼 입체영상이 구현되는 유사 홀로그램인 플로팅 홀로그램을 소개해드리고자 합니다. 만약 실제 현실에서 입체영상을 접하셨다면 대부분 플로팅 홀로그램이라고 보시면 됩니다. 최근에는 가수들의 콘서트에 가장 많이 사용되고 있지요. 플로팅 홀로그램을 이용한 콘서트는 실제 가수가 노래를 부르는 게 아니라 가수랑 똑같이 생긴 홀로그램이 노래를 부르는 식으로 이루어집니다.

플로팅 홀로그램은 원리도 간단하고 구현도 쉽습니다. 무대 천장에 프로젝터를 설치하고 무대 위에 45도 각도로 투명한 스크린을 설치하기만 하면 준비가 끝나거든요. 천장에 설치된 프로젝터가 바닥에 영상을 비추면, 바닥에 비춰진 영상이 투명한 스크린에 맺혀서 입체영상이 허공에 떠 있는 것 같은 착시효과를 일으킨답니다. 원리가 복잡하게 느껴지신다면 그냥 투명한 스크린에 영상이 맺히는 거라고 보시면 될 것 같습니다. 실제로는 입체영상이 구현되는 거라고 보기는 어렵지만 눈으로 봤을 때에는 입체영상처럼 보이기에 많은 사람들에게 사랑받고 있지요.

우리나라의 연예 기획사들은 이 플로팅 홀로그램을 적극적으로 활용해서 전 세계에 한류를 전파하기도 했습니다. 전 세계적으로 강남스타일 열풍이 불던 2012년에는 싸이의 홀로그램 콘서트가 열렸죠. SM엔터테인먼트는 홀로그램 공연장을 마련해 소녀시대, 엑소 등 유명 아이돌의 홀로그램 콘서트를 개최하여 세간의 화제가 되기도 했답니다. 홀로그램 공연장은 K-pop을 사랑하는 외국 관광객들이 자주 방문하는 여행코스이기도 합니다. 진짜 가수의 콘서트를 가기 전에 콘서트의 분위기를 미리 경험하기 좋다고 하네요.

애니메이션 강국 일본에서는 플로팅 홀로그램을 이용해 가상 가수를 만들기도 했습니다. 이 가수의 이름은 바로 '하츠네 미쿠'인데요. 노래

일본에는 하츠네 미쿠라는
홀로그램 가수가 있습니다.

실력이 뛰어난 데다 민트색의 독특한 머리 색깔, 푸른 눈동자의 수려한 외모 덕분에 많은 주목을 받았답니다. 2012년에는 팬들의 요청으로 첫 콘서트가 개최되기도 했죠.

첫 콘서트에는 무려 1만 명에 달하는 관객이 몰렸습니다. 무대 위에는 기타와 드럼을 연주하는 사람만 진짜 사람이었고, 무대의 가운데에서 노래를 부르고 춤을 추는 하츠네 미쿠가 홀로그램이었답니다. 비록 실제로 존재하지 않는 가상 가수이지만, 콘서트장 내 분위기는 실제 가수보다 더 좋았다고 합니다. 콘서트 수익도 웬만한 일본 가수들의 수익을 뛰어넘었고요.

이처럼 홀로그램 콘서트가 주목을 받는 이유는 가수와 팬들 간의 시공간 제약을 완벽하게 해결해주기 때문입니다. 아시다시피 가수는 로봇(?)이 아니기에 팬들이 원할 때 언제든지 콘서트를 진행해줄 수 없습니다. 외국 팬들이 콘서트를 원할 때마다 외국을 갈 수도 없는 노릇이죠. 가수는 콘서트 외에도 작사작곡, 예능 프로그램 출연 등 많은 일정을 소화해야 하는 사람들입니다.

만약 가수가 열정이 넘쳐서 팬들을 위해 해외 곳곳을 돌아다니며 잠시도 쉬지 않고 계속 콘서트를 한다면 몸이 남아나지 않을 것입니다(...). 하지만 홀로그램 콘서트가 있다면 가수가 이런 고생을 할 필요가 없죠. 팬들 입장에서도 보다 낮은 비용으로 좋아하는 가수의 콘서트를 즐길 수 있고요.

홀로그램 콘서트의 장점은 여기서 다가 아닙니다. 김광석이나 유재하, 신해철 같은 가수들은 이미 세상을 떠났기에 더 이상 콘서트를 볼 수가 없는데요. 생전의 노래 부르는 모습과 목소리를 재현하여 홀로그램을 만들면 콘서트를 재현할 수 있습니다. 팬들에게는 정말 좋은 소식이죠.

실제로 2016년 대구디지털산업진흥원에서는 김광석의 생전 콘서트 영상을 분석해서 대역배우로 촬영을 하고, 얼굴은 컴퓨터그래픽으로 만들어 김광석 홀로그램 콘서트를 열었습니다. 김광석을 그리워하던 팬들은 홀로그램 콘서트를 통해 잠시나마 추억을 회상하는 계기가 되었지요.

이제 콘서트 말고 조금 다른 이야기를 해 볼까요? 플로팅 홀로그램은 콘서트 외에도 활용할 수 있는 데가 많거든요. 한양대학교에서는 2019년에 세계 최초로 플로팅 홀로그램 기술을 활용하여 수업을 진행하기도 했습니다. 수업은 세 개의 강의실에서 동시에 이루어졌죠. 교수는 학생들이 단 한 명도 없는 스튜디오에서 수업을 했지만, 세 강의실에 있는 학생들은 모두 교수가 강의실 강단에 서서 수업을 하는 장면을 볼 수 있었습니다.

교수는 스튜디오에 있는 모니터로 세 개의 강의실을 실시간으로 살펴보며 학생들에게 발표를 시키기도 하고, 학생들에게 질문을 받기도 했습니다. 교수는 학생들과 다른 공간에 있지만 실제로는 같은 방에 있는 것과 크게 다르지 않았던 거죠. 덕분에 홀로그램 수업을 마친 학생들은 기존 수업과의 차이점을 거의 느끼지 못했을 정도로 몰입도가 높았다고 평가했답니다.

홀로그램 강의가 주목받는 이유도 홀로그램 콘서트와 비슷합니다. 대학교의 인기 강의는 많은 학생들이 몰리다 보니 수강하기가 어려운 경우가 많습니다. 교수가 더 많은 학생들에게 수업을 해주고 싶어도 교수의 몸이 여러 개(...)가 아니기에 현실적으로 어렵죠. 하지만 홀로그램 강의를 이용하면 아무리 많은 학생들이 수업을 들어도 강의실을

이해 안 된 부분이나 질문 있는 학생?
교수님, 질문이 있습니다.

여러 곳 빌리면 되니까 전혀 문제가 되지 않습니다. 해외에 거주하는 교수를 초빙하고 싶을 때에도 비행기를 한참 타고 한국에 오게 할 필요 없이 홀로그램을 활용하면 되겠죠.

아마 홀로그램 기술은 대학교 강의실의 풍경을 지금과는 비교할 수 없을 정도로 바꾸어 놓을 것입니다. 어쩌면 대학교 강의실 뿐 아니라 초, 중, 고등학교 교실까지도 모두 바꿔놓을지도 모르죠. 만약 이것까지도 실현된다면 선생님들은 더 이상 같은 내용의 수업을 다른 교실에서 여러 번 반복할 필요가 없겠죠? 고된 수업으로 정신이 없는 선생님들의 일상도 한결 편리해질 것 같습니다.

홀로그램을 활용할 수 있는 곳은 콘서트장과 교육현장이 뿐이 아닙니다. 비록 지금의 홀로그램은 플로팅 홀로그램 같은 유사 홀로그램 수준이기에 구현에 한계가 있지만 만약 홀로그램 기술이 발전한다면 상황이 달라집니다.

만약 인류가 유사 홀로그램이 아니라 진짜 홀로그램을 구현하게 된

사람과 상호작용하는 홀로그램을
구현할 수 있게 된다면
우리의 일상은 완전히 바뀔 겁니다.

다면, 특히 홀로그램을 단순히 눈으로 보는 수준을 넘어서 사람과 상호작용하는 수준에 도달한다면 우리의 일상은 완전히 바뀔 겁니다. 허공에 떠 있는 홀로그램을 손으로 터치하면서 특정한 작업을 수행하는 거지요. SF영화에서 흔히 접할 수 있었던 상상 속의 모습이 우리 앞에 펼쳐지는 겁니다.

어쩌면 현재 우리가 사용하고 있는 스마트폰 화면이 머지않은 미래에는 홀로그램 영상으로 대체될지도 모릅니다. 전원 버튼을 누르면 납작한 화면 대신에 홀로그램 영상이 뜨는 거지요.

실제로 스마트폰 전문가들은 휴대전화와 스마트폰을 잇는 다음 세대 교체가 홀로그램으로 이루어질 것이라고 전망합니다. 그러면 홀로그램으로 다른 사람들과 몰입도 있는 화상통화를 하거나 입체로 된 드라마와 영화를 감상하게 될 것입니다. 여기에 인공지능 기술까지 더해진다면 사람이랑 똑같이 생긴 인공지능 홀로그램을 불러서 함께 대화를

나누거나 업무와 관련된 조언을 구하게 될지도 모르지요.

하지만 아쉽게도 이런 것들은 좀 더 많은 시간과 기술력이 필요하답니다. 그나마 가까운 미래에 홀로그램으로 가장 큰 발전이 있을 것으로 예상되는 분야는 바로 의료 분야입니다. 홀로그램으로 환자의 장기를 구현해서 장기의 이상을 진단하거나 암 덩어리를 발견할 수도 있거든요. 지금의 의학기술 수준으로는 배를 열지 않으면 일부 질병의 확실한 진단이 힘들고 걸리는 시간도 길지만 만약 홀로그램이 의료 분야에 쓰인다면 엄청난 혁신으로 이어질 겁니다.

여기서 다가 아닙니다. 환자의 장기를 구현한 홀로그램으로 수술 계획을 세우면 수술 성공률을 더욱 높일 수도 있고, 홀로그램을 환자에게 직접 보여주면서 수술 계획을 설명해줄 수도 있거든요. 홀로그램으로 수술 계획을 들은 환자는 더욱 안심하며 수술받을 수 있을 겁니다. 여기서 한발 더 나아가 인공지능 기술까지 더해진다면 인공지능이 홀로그램을 보고서 질병을 진단하고 수술 계획까지 모두 설계해줄지도 모를 일입니다.

이처럼 홀로그램은 아직 발전 가능성이 무궁무진할 뿐 아니라, 지금 이 순간에도 무서운 속도로 발전하고 있는 기술입니다. 스마트폰이 우리의 일상 속으로 천천히 녹아들어 지금에 이르렀듯이, 홀로그램도 우리가 모르는 사이에 천천히 일상 속으로 녹아들 겁니다. 콘서트장과 교육현장을 시작으로 점점 활용 분야를 넓혀가면서 말이죠.

그리고 시간이 흘러 홀로그램 기술의 발전이 절정에 달한 미래에는 홀로그램 기술이 그리 놀랍지 않은 평범한 기술이 되어 있을 것입니다. 홀로그램과의 상호작용으로 하루를 시작하고, 홀로그램으로 일상을 보내다가 하루를 마치게 되겠죠?

과학의 희망편 : BTS 홀로그램은 어떻게 만든 걸까?

2021년 BTS(방탄소년단)와 콜드플레이의 신곡 'My universe'는 높은 수준의 노래와 함께 공상과학 영화를 연상시키는 뮤직비디오로 큰 화제를 모았습니다. 뮤직비디오는 노래를 부르는 게 불법이 된 미래의 우주에서 서로 다른 행성에 있는 BTS와 콜드플레이가 노래를 부르면서 저항한다는 내용입니다. BTS와 콜드플레이는 비록 서로 다른 행성에 떨어져 있지만, 홀로그램을 통해 공간을 뛰어넘어 함께 춤추고 노래를 부르지요.

어떻게 이런 홀로그램을 구현할 수 있었을까요? 바로 볼류메트릭(Volumetric) 기술 덕분입니다. 볼류메트릭 기술이란 스튜디오에서 카메라 100여 대로 인물의 움직임을 정밀한 각도에서 촬영하여 360도 입체 영상으로 구현하는 기술을 말합니다. My universe의 뮤직비디오는 SK텔레콤 점프 스튜디오에서 BTS 멤버들이 춤추고 노래하는 장면을 촬영해 구현한 것입니다.

볼류메트릭 기술은 언뜻 보면 홀로그램 기술 같이 보이지만, 엄밀히 말해서 홀로그램은 아니랍니다. 홀로그램은 실제 현장에서도 형체가 보여야 하지만, 볼류메트릭은 오직 카메라를 통해서 영상으로만 구현될 수 있거든요. 영상 제작시 각자 다른 곳에 있는 사람들이 한 곳에 있다는 느낌을 주고 싶을 때 주로 사용합니다.

BTS의 멤버 슈가는
2020년 MAMA 공연에서
홀로그램으로 무대에 참석했습니다.

SK텔레콤은 2020년 엠넷 아시안 뮤직 어워즈(MAMA)에서 볼류메트릭 기술로 슈가의 홀로그램을 제작하기도 했습니다. 당시 슈가는 어깨 수술로 무대 공연에 참석할 수 없는 상황이었는데요. 다행히도 볼류메트릭 기술 덕분에 다른 멤버들과 함께 한 무대에서 춤을 추고 노래를 부르는 장면이 방송에 나갈 수 있었습니다. 당시 방송을 봤던 사람들은 슈가의 몸짓과 입모양이 너무 자연스러워서 슈가가 정말 무대에 있는 것으로 착각했다고 합니다.

이렇게 볼류메트릭 기술로 구현한 가상 인간을 디지털 휴먼이라고 부르는데요. 앞으로 디지털 휴먼은 유명 가수나 배우가 팬과 만나는 새로운 소통 방식을 제시할 것으로 전망되고 있습니다. 보고 싶은 유명 가수나 배우가 있는데 피치 못할 사정으로 못 보게 되더라도 디지털 휴먼을 활용하면 되니까요.

4장. 여기에도 과학기술이 숨어 있었어?

20

우리가 사는 집과 가전제품들이 네트워크에 연결된다!

스마트홈

집에 있는 가전제품이 인터넷에 연결된다면 우리의 일상이 얼마나 편리해질지 생각해 보셨나요? 이렇게 무선 인터넷 기술과 사물인터넷 기술을 이용해 가정에 자동화 서비스를 제공하는 기술을 스마트홈이라고 부르는데요. 미래의 주거 형태로 자리잡을 것으로 예상되고 있습니다.

가장 완벽한 경지에 오른 기술은 눈에 드러나지 않는다.
이런 기술은 일상에 자연스레 스며들어, 마침내 일상과 구분되지 않는다
– 마크 와이저 (미국의 컴퓨터과학자) –

지금보다 더욱 편리한 것을 추구하고자 하는 것은 모든 인간의 본성이죠. 지난 수십 년 동안 등장한 다양한 종류의 전자제품들은 인류의 삶을 더욱 편리하고 윤택하게 만들었습니다.

특히 인터넷과 스마트폰의 등장은 전 세계를 하나로 잇는 계기가 됐습니다. 불과 몇십 년 전만 해도 외국에 있는 친구와 대화를 나눌 방법은 편지를 보내고 답장을 주고받는 방법뿐이었지만 모두 옛 추억이 되어버렸죠. 스마트폰만 가지고 있다면 아무리 멀리 떨어진 사람과도 실시간으로 대화를 나눌 수 있으니까요.

인터넷과 스마트폰의 등장은
전 세계를 하나로 잇는 계기가 됐습니다.

이러한 일이 가능해진 이유는 사물들이 네트워크를 통해 인터넷에 연결되어 있기 때문입니다. 컴퓨터와 스마트폰이 네트워크에 연결된 가장 대표적인 사물이죠. 스마트폰만 있으면 우리는 얼마든지 인터넷에 접속해서 모르는 정보를 찾아볼 수 있고, 친구에게 궁금한 점이 있을 때 메신저를 통해 대화를 나눌 수 있습니다. 이제는 스마트폰이 없는 세상을 상상하기 어려울 정도지요.

그런데 우리 인류는 컴퓨터와 스마트폰을 인터넷에 연결하는 것만으로는 만족하기 어려운 모양입니다. 요즘은 일상 속에서 인터넷에 연결된 사물들을 쉽게 찾아볼 수 있으니까요. 대표적인 것이 바로 버스도착정보시스템입니다. 버스도착정보시스템이란 버스정류장에서 내가 타야 할 버스가 얼마나 와 있는지, 앞으로 몇 분 정도 기다려야 하는지 자세하게 알려주는 장치를 말합니다.

버스도착정보시스템은 언뜻 보면 단순한 전광판 같은데요. 알고 보

스마트폰 지도 애플리케이션으로
실시간 버스 위치를 확인할 수 있습니다.

면 버스에 달린 GPS 장치로부터 정보를 전달받아 버스의 위치를 알려주는 장치입니다. 인터넷에 연결되어 있기에 가능한 일이지요. 불과 몇십 년 전만 해도 버스정류장에서 버스가 언제 올지도 모른 채 막연하게 기다렸던 걸 생각하면 정말 놀라운 기술입니다.

여기서 한 발자국 더 나아가서 스마트폰을 사용하면 버스도착정보시스템을 더욱 스마트하게 사용할 수 있습니다. 스마트폰에 지도 애플리케이션이 있으면 굳이 버스정류장까지 가지 않아도 실시간으로 버스가 어디에 있는지 알 수 있거든요. 덕분에 버스가 정류장에 도착할 때까지 집 안에서 기다렸다가 버스가 오기 직전에 집 밖으로 나와서 바로 버스를 탈 수 있죠.

이처럼 인터넷에 연결된 장치와 연결되지 않은 장치의 차이는 엄청난데요. 그래서인지 최근에는 집 안에 있는 장치들과 가전제품들을 인터넷에 연결해서 더욱 편리하게 사용하려는 시도가 활발하게 이루어지고 있습니다.

이처럼 주거시설에서 사용되는 사물들을 인터넷에 연결해서 조성한 주거시설을 스마트홈이라고 합니다. 그리고 스마트홈을 조성하기 위해 장치와 가전제품을 인터넷에 연결하는 기술을 사물인터넷(IoT, Internet of Things)이라고 한답니다. 사람들 주변에 있는 거의 모든 사물들을 인터넷에 연결할 수 있다고 해서 사물인터넷이라는 이름이 붙여졌지요.

집안의 조명이나 세탁기, 에어컨 등이 인터넷에 연결되어 있다면 우리의 일상이 어떻게 바뀔지 상상해 보셨나요? 여름에 절대로 없어서는 안 될 가전제품인 에어컨을 예로 들어보겠습니다.

에어컨은 사람이 작동 버튼을 누르거나 리모컨을 이용해야 작동시킬 수 있는데요. 만약 에어컨이 인터넷을 통해 정보를 주고받을 수 있게 되면 일기예보에 대한 정보를 받아 스스로 작동되게 설정할 수 있습니다. 날씨가 내일부터 갑자기 엄청 더워질 예정이라면 미리 작동해서 실내가 계속 쾌적한 상태를 유지할 수 있도록 만들어주는 거죠. 사람이 명령해야 작동되는 에어컨이 아니라, 스스로 필요하다고 판단할 때 작동되는 스마트한 에어컨인 겁니다.

그렇다고 해서 날씨가 덥다고 무조건 작동하면 안 되겠지요. 아무리 날씨가 더워도 실내에 사람이 아무도 없는 상태에서 에어컨이 켜지면

(…) 전력 낭비니까요. 그러므로 에어컨에 센서를 설치해서 실내에 사람이 있는지 없는지도 파악해야 합니다. 또 실내에 사람들이 너무 많아서 더 더워질 것을 대비해 더 강한 냉방을 작동하게 만들 수도 있을 겁니다.

여기서 다가 아닙니다. 에어컨이 인터넷을 통해 전달받을 수 있는 정보는 일기예보뿐이 아니니까요. 만약 에어컨을 사용자의 스마트폰과 연결해 두면 스마트폰으로 에어컨을 원격 조정할 수 있습니다. 덕분에 무더운 여름날 여행을 마치고 집에 방문하기 전에 미리 에어컨을 작동시킬 수 있겠죠. 또 실수로 에어컨을 켠 상태로 집 밖으로 나왔을 때도 무리해서 다시 집으로 돌아갈 필요도 없을 겁니다. 스마트폰으로 에어컨을 끄면 되니까요.

하지만 에어컨은 워낙 전력소모량이 많다 보니 사용하기가 다소 꺼려지는 때가 많습니다. 특히 여름만 되면 너무 많은 가정에서 에어컨을 쓰면서 전력난이 발생하는 일이 흔하죠. 이런 이유로, 에어컨을 너무 과도하게 오랫동안 작동시키는 것은 좋지 않습니다.

문제는 에어컨을 적당히 작동시키고 싶어도 에어컨을 얼마만큼 사용해야 얼마만큼의 전력이 소모되는지 알 수가 없다는 겁니다(...). 매달 나오는 전기요금 고지서로 지레짐작할 뿐이죠. 에어컨을 사용하는 사람들은 답답할 노릇입니다. 그런데 만약 에어컨이 인터넷에 연결되면 스마트폰으로 에어컨의 실시간 전력소모량과 전기세를 확인할 수 있게 되므로 문제가 해결될 수 있습니다. 에어컨을 사용하는 사람들도 더욱 효율적이고 경제적으로 에어컨을 사용할 수 있겠지요.

편리해지지는 않아도 약간의 재미를 위한(?) 것들도 있습니다. 네덜란드의 조명기기 회사인 필립스가 내놓은 LED 전구인 휴(Hue)가 대표적인데요. 휴는 메일주소를 등록해 놓으면 메일이 왔을 때 깜빡거리고, 페이스북 계정을 등록해 놓으면 페이스북 알림이 울렸을 때 깜빡거리는 게 특징입니다. 메일 알림과 페이스북 알림은 스마트폰으로도 확인할 수 있지만 색다르고 독특하게 느껴지죠.

휴(Hue)는 알림이 울릴 때마다
깜빡거리는 조명입니다.

특히 반드시 확인해야 하는 중요한 알림을 휴에 등록해 둔다면 조명이 깜빡이는 걸 확인하고 바로 알림을 볼 수 있을 것입니다. 주변이 시끄럽고 정신이 없어서 스마트폰 알림을 못 듣고 알림 확인을 못 할 일은 없겠지요.

하지만 이건 휴의 부수적인 기능입니다. 가장 중요한 기능은 스마트폰으로 원격 조정이 가능해서 아무 장소에서나 얼마든지 조명을 켜고 끌 수 있다는 거랍니다. 덕분에 거실 조명을 끄는 걸 깜빡하고 침실에 누웠더라도 얼마든지 거실 조명을 끄고 잠들 수 있지요(?). 물론 침실에서 나와 거실 조명을 끄고 다시 침실로 돌아오면 되긴 하지만, 침실에 한 번 누우면 일어나기 힘들다는 걸(?) 생각해보면 꽤 편리한 조명입니다.

이처럼 스마트홈은 하루의 일상을 완전히 뒤바꿀 것이라는 걸 예상해볼 수 있습니다. 일단 아침에 일어나면 커피머신이 미리 만들어 놓은 커피를 마시고 출근길에 나서며 하루를 시작하겠죠. 출근하고 있는 동안에도 틈틈이 스마트폰을 이용해서 집 안의 세탁기, 식기세척기 등을 작동시킬 수 있습니다. 버튼 한 번이면 되니까 근무에 지장도 없죠. 그리고 집 안 카메라 영상을 확인하면서 애완동물이 잘 있는지도 꼼꼼히 확인합니다. 애완동물이 배고파하는 것 같다면 먹이급여기를 작동시켜 먹이도 줄 수 있겠지요.

특히 맞벌이 부모라면 스마트홈은 더 편리할 수 있는데요. 부모님 없

이 홀로 남은 자녀가 혹시 집 안에서 큰 사고는 치지 않았는지(...), 학교에서 집으로 무사히 돌아왔는지 카메라를 통해 확인하고 안심하면 됩니다. 그렇게 하루 일을 마치면 퇴근길에 미리 로봇청소기와 에어컨을 작동시킵니다. 쾌활한 분위기를 더해주는 음악도 켜 두고요. 덕분에 집에 도착할 즈음에는 쾌적한 환경에서 하루의 노곤함을 씻고 편히 쉴 수 있겠지요.

어떤가요? 이 정도라면 스마트라는 이름이 전혀 아깝지 않을 정도의 멋진 집이지요? 앞으로 1인 가구와 맞벌이 가구가 증가하고 고령화 비율이 높아질 것이기에 스마트홈에 대한 관심은 점점 늘어날 것입니다. 건설사들도 이 점을 잘 알고 있어서 최근 새로 지어지는 아파트에 보일러와 조명을 스마트폰으로 제어할 수 있는 시설과 같은 각종 사물인터넷 장치를 설치한답니다.

덩달아 최근에 출시되고 있는 가전제품들도 사물인터넷 장치인 경우가 꽤 많습니다. 삼성전자는 2018년에 사물인터넷 기술을 접목한 패밀리허브 냉장고를 출시해서 큰 화제가 되기로 했는데요. 패밀리허브 냉장고는 문에 디스플레이가 설치되어 있어서 인터넷에 연결해 음악도 듣고, 음성인식으로 요리법도 찾아볼 수 있답니다. 심지어는 쇼핑몰에 접속해 식재료를 주문하는 것도 가능하지요. 번거롭게 매일 식재료를 구매하러 시장까지 갈 필요가 없는 겁니다. 식재료를 온라인으로 주문하려 해도 스마트폰을 뺏어가고 컴퓨터 좌석을 먼저 차지한 어린 자녀들 때문에(...) 머리 아플 일도 없고요.

그런데 스마트홈의 미래가 탄탄대로인 것만은 아닙니다. 아직 넘어야 할 산이 많거든요. 사실 스마트홈과 사물인터넷은 지금 충분히 실현하고도 남는 기술인데요. 그럼에도 불구하고 스마트홈과 사물인터넷이 아직도 상용화되지 못한 데에는 이유가 있습니다.

독자 여러분이 새로 이사를 해서 집 안에 배치할 가전제품을 구매해야 한다고 생각해봅시다. 이때 구매 내역을 살펴보면 TV는 삼성, 에어컨은 LG, 청소기는 다이슨입니다. 그리고 현재 사용하고 있는 스마트폰은 애플이죠. 사람마다 제품별로 선호하는 브랜드가 있고 기업 간의 제품 품질에도 큰 차이가 있기에 나타나는 현상입니다. 집 안에 있는 모든 가전제품을 삼성 혹은 LG 한 가지 브랜드로만 도배하는 사람들은 없다시피 하죠.

문제는 여기서 발생합니다. 서로 다른 브랜드에서 만들어진 가전제

이게 연동이 안된다고?!
큰일 났다!
연동

품들을 네트워크를 통해 서로 인터넷에 연결해야 하는데 표준규격이 전혀 서로 다르다 보니 연결할 수가 없는 거죠. 심지어 사용하고 있는 스마트폰이 애플이면 산 넘어 산입니다(...). 애플은 미국 기업이라 우리나라 기업의 전자제품들과 호환성이 더 떨어질 테니까요.

그렇다고 해서 집 안에 있는 모든 가전제품을 한 브랜드로 통일해도 문제랍니다. 같은 브랜드 전자제품 사이에서도 표준규격이 맞을 거란 보장이 없거든요. 그러므로 스마트폼이 상용화되기 위해서는 전자제품과 스마트폰을 만드는 글로벌 기업들이 표준규격을 하나로 통일하는 작업이 우선입니다. 이를 위해서는 글로벌 기업들이 서로 협력해야 하는데, 현재 글로벌 기업들은 서로 협력하기보다는 치열하게 경쟁하고 있죠(...).

표준규격을 통일한다면 그다음으로 넘어야 할 산이 기다리고 있습니다. 바로 보안 문제입니다. 사실 보안 문제는 컴퓨터나 스마트폰 등과 같이 인터넷에 연결된 모든 장치에 중요한 문제이기도 한데요. 만약 스마트홈이 해킹을 당하면 문제가 더 심각해집니다. 스마트홈은 네트워크를 통해 모든 전자제품과 장치들이 하나로 연결되어 있어서 하나라도 해킹을 당하면 스마트홈 전체가 위험해지거든요. 특히 집 안에 카메라를 설치했을 경우 해킹범에게 실시간으로 사생활(!)이 노출되기 쉽겠지요.

무엇보다도 스마트홈 해킹이 위험한 이유는 보이스피싱 때문입니다. TV, 컴퓨터, 카메라로 모든 사생활이 해킹범에게 노출되기 때문에 협

앞으로 점점 더 많은 사물과 전자제품들이
네트워크에 연결될 것입니다.

박 전화를 해서 돈을 뜯어내거나 온라인 쇼핑 후 내야 할 돈을 잘못된 곳에 입금하게 할 수 있거든요. 사생활이 보장되어야 할 가정이 사생활은커녕 해킹범에게 실시간으로 감시당하는 곳이 되는 겁니다.

다행히도 스마트홈의 미래를 가로막는 장벽들이 조금씩 해결되고 있는 것 같습니다. 우리나라를 포함한 많은 나라에서 스마트홈의 입주가 시작되고 있고, 사물인터넷 기반의 전자제품들도 많이 만들어지고 있거든요. 게다가 사물인터넷 시장이 성장하고 있는 속도도 놀라울 정도입니다.

지금 우리 주변을 이루는 기술 대부분이 수많은 장벽을 모두 뛰어넘고 지금에 이른 것이라는 사실을 생각해봅시다. 스마트홈은 지금 단지 장벽을 뛰어넘는 과도기에 놓여 있을 뿐입니다. 분명히 머지않아 대부분의 사람들이 스마트홈에서 윤택한 삶을 살아갈 시대가 올 거라 생각합니다.

요즘 주변에서 4차 산업혁명의 시대가 도래하고 있다고 많이들 말하는데요. 4차 산업혁명은 스마트홈과 사물인터넷을 기반으로 이루어진 초연결사회가 배경이 될 것입니다. 4차 산업혁명은 우리 인류가 주변의 사물을 하나둘씩 인터넷에 연결하면서 이미 시작되었습니다. 사람들이 미처 인지하지도 못하는 사이에 점점 초연결사회에 익숙해져 가고 있는 거지요. 과연 앞으로 우리의 일상이 얼마나 편리해질지 기대됩니다.

과학의 절망편 : 스마트홈의 보급이 늦는 이유

사물인터넷 기술과 스마트홈 기술은 실현되고도 남을 정도로 충분히 높은 과학기술력이 뒷받침하고 있습니다. 하지만 실제로 스마트홈에 거주하는 사람들은 아직 그리 많지 않지요. 가장 큰 이유는 바로 비용이 많이 들기 때문입니다. 스마트홈 장치는 네트워크에 연결되지 않고 자동화되지 않은 다른 장치보다 가격이 훨씬 비싸거든요.

아쉽게도 사람들은 아직 비용을 좀 더 내고 스마트홈에 거주하는 것보다는 원래부터 머무르던 거주공간과 비슷한 공간에서 계속 머무르는 것을 더욱 선호하는 듯합니다. 기존의 거주공간 형태에 이미 적응이 되었고, 굳이 스마트홈에서 살지 않아도 충분히 편하거든요. 더 많은 비용을 지불해서 더 편리해져야 할 필요를 딱히 느끼지 못하는 것입니다.

사물인터넷의 사용이 오히려 불편하다는 것도 문제입니다. 사물인터넷의 불편함을 예시로 들 때 가장 많이 거론되는 것이 바로 식물의 화분입니다. 화분이 네트워크에 연결되어 있다고 가정해 봅시다. 이 화분은 사람이 집에 없어도 식물에 자동으로 물을 공급해 줍니다. 하지만 잘 생각해 보면 네트워크에 연결된 화분의 장점은 딱 이것뿐입니다.

왜냐고요? 화분을 네트워크에 연결하기 위한 통신 장치, 식물에 줄

물을 미리 저장하는 물탱크, 물이 화분의 흙까지 이동하도록 돕는 펌프 장치가 필요하거든요. 아마 이런 장치들의 비용은 상당히 비쌀 겁니다. 식물과 화분 가격의 몇 배에 달하겠죠(...). 일단 비용은 그렇다고 칩시다. 문제는 물탱크에 물을 꾸준히 넣어줘야 하고, 전기에너지가 필요하니까 콘센트에도 연결해야 한다는 것입니다. 콘센트 대신에 배터리를 사용할 수 있지만, 배터리도 주기적으로 충전해줘야 하니까 번거로운 건 마찬가지죠.

편리성을 위해 많은 비용을 들여서 화분을 네트워크에 연결했더니, 편리해지기는커녕 관리만 더 번거로워진 셈입니다. 아무리 돈이 넘쳐나는 부자도(...) 이렇게까지 해서 식물을 키우지는 않을 거라는 생각이 드네요.

이것이 과학이다 와장창편

당신의 호기심을 풀어줄 일상과학

초판 1쇄 발행 2022년 1월 18일

지은이 박종현

그림 마그

발행처 도서출판 북적임

출판등록 제2020-000007호

전화 070-8095-9403

팩스 0303-3444-0166

이메일 pso1124829@gmail.com

ISBN 979-11-969609-3-3 03400

도서출판 북적임에서는 작가 분들의 원고 투고를 기다리고 있습니다.
책 출간을 원하시는 작가 분은 이메일 pso1124829@gmail.com으로 책에 대한 간단한 개요와 집필 의도, 내용 요약본, 원고 등을 작성해서 보내주세요.